工程机械使用与维护
实训指导

主　编　谢　毅

副主编　董　军　宋　刚

主　审　陈亚兵

重庆大学出版社

内容提要

本书以目前高职院校工程机械运用与维护专业教学使用频率较高的装载机和挖掘机为主线，为工程机械使用与维护保养实训用书。使用操作部分主要讲述装载机和挖掘机的基本参数和构造，操作与施工。维护保养，以发动机、底盘、液压系统、电气系统的保养及常见故障排除为主。利用实训任务，将实训与课程结合起来，有助于学生加强对课程的理解。

本书资料丰富，实用性强，可作为高等职业院校工程机械各专业的实训课教材，也可以作为成人高校、中职学校工程机械各专业的实训辅助用书，还可为相关从业人员参考用书。

图书在版编目(CIP)数据

工程机械使用与维护实训指导/谢毅主编.——重庆：重庆大学出版社，2014.6(2022.7 重印)

(高职高专汽车技术服务与营销专业示范建设丛书)

ISBN 978-7-5624-8123-2

Ⅰ.①工… Ⅱ.①谢… Ⅲ.①工程机械—使用方法—高等职业教育—教材②工程机械—机械维修—高等职业教育—教材 Ⅳ.①TU6

中国版本图书馆 CIP 数据核字(2014)第 077638 号

工程机械使用与维护实训指导

主 编 谢 毅

副主编 董 军 宋 刚

主审 陈亚兵

策划编辑：曾显跃

责任编辑：李定群 高鸿宽　　版式设计：曾显跃

责任校对：关德强　　责任印制：张 策

*

重庆大学出版社出版发行

出版人：饶帮华

社址：重庆市沙坪坝区大学城西路 21 号

邮编：401331

电话：(023) 88617190 88617185(中小学)

传真：(023) 88617186 88617166

网址：http://www.cqup.com.cn

邮箱：fxk@cqup.com.cn(营销中心)

全国新华书店经销

POD：重庆新生代彩印技术有限公司

*

开本：787mm×1092mm 1/16 印张：12.5 字数：289 千

2014 年 6 月第 1 版 2022 年 7 月第 3 次印刷

ISBN 978-7-5624-8123-2 定价：39.00 元

前言

实践表明，工程机械实训课在对工程机械专业学生教育上已经显得越来越重要，单独的理论知识已经不能够满足公司对毕业生的要求。通过对毕业生的工作调查发现，有85%以上的工程机械公司反馈学生的实践学习还不够工作所需。为了能够对学生的实习有一个详细的规范和指导，所以有了本书的编写。

本书的编写强调符合工程机械专业教育教学改革的要求，遵循职业教育的特点，结合相关的职业标准以及企业的用人需求，按技能型、应用型人才培养的模式进行设计构思，结合本专业的培养目标，主要选择装载机和挖掘机的使用与维护作为主要编写内容，旨在培养学生的技术应用能力，加强针对性与实用性。

本书共分7章，前1至3章为第1篇装载机部分，后4至7章为第2篇挖掘机部分。参加编写的有重庆三峡职业学院谢毅（第1、2、3、4、5章）、董军（第6章）、宋刚（第7章）。谢毅担任主编，董军和宋刚负责资料的收集。重庆南昆工程机械有限公司陈亚兵经理担任主审。

本书适用于工程机械运用与维护、工程机械控制技术等相关专业使用，也可作为工程机械维修培训的教材使用。还可以供工程机械售后服务人员、驾驶员等相关技术人员阅读参考。

本书在编写过程中，参考了一些国内外同类教材和著作，在此特向相关作者表示衷心的感谢。

由于编写时间和编者的水平有限，书中有不妥和错误之处，敬请广大读者不吝赐教。

编　者

2013年12月

目录

第1篇　装载机

第2篇　挖掘机

第 1 篇 装载机

第 1 章 装载机的安全操作规程

1.1 轮式装载机总体结构及工作原理

轮式装载机是一种广泛应用于公路、铁路、港口、码头、煤炭、矿山、水利、国防等工程和城市建设等场所的铲土运输机械。它对于减轻劳动强度，加快工程建设速度，提高工程质量起着重要的作用。下面对其结构及工作原理作简单介绍。

1.1.1 轮式装载机的功能

轮式装载机的主要功能是对松散物料进行铲装及短距离运输作业。它是工程机械中发展最快、产销量及市场需求最大的机种之一。平时看到最多的是轮式装载机，与它相对应的是履带式装载机。与履带式装载机相比轮式装载机具有机动性能好，不破坏路面，操作方便等优点。因此,轮式装载机得到广泛的应用。

1.1.2　轮式装载机的结构及工作原理

如图 1.1 所示为轮式装载机结构示意图,装载机一般由车架、动力传动系统、行走装置、工作装置、转向制动装置、液压系统及操纵系统等组成。发动机 1 的动力经变矩器 2 传给变速箱 14,再由变速箱把动力经传动轴 13 及 16 分别传到前后驱动桥 10,以驱动车轮转动。内燃机动力还经过分动箱驱动作业液压泵 3 工作。工作装置由动臂 6、摇臂 7、连杆 8、铲斗 9、动臂液压缸 12 及转斗液压缸 5 组成。动臂一端铰接在车架上,另一端安装铲斗,动臂的升降由动臂液压缸来带动,铲斗的翻转由转斗液压缸通过摇臂和连杆来实现。车架 11 由前后两部分组成,中间用前后车架铰接销 4 连接,依靠转向液压缸可以使前后车架绕铰销相对转动,以实现转向。

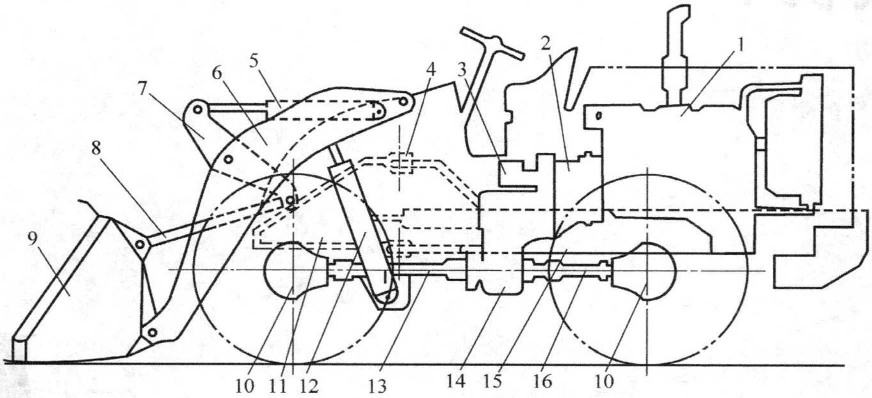

图 1.1　轮式装载机结构示意图

1—发动机;2—变矩器;3—作业液压泵;4—前后车架铰接销;5—转斗液压缸;6—动臂;7—摇臂;8—连杆;9—铲斗;10—驱动桥;11—车架;12—动臂液压缸;13—前传动轴;14—变速箱;15—转向液压缸;16—后传动轴

(1)车架

车架分为整体式车架和铰链式车架。

1)整体式车架

整体式车架一般用于车速较高的工程机械,根据机种不同其结构也不同。采用偏转车轮转向的装载机具有整体式车架。整体式车架是由两根位于两边的纵梁与若干横梁用铆接焊接而构成的一个完整的框架,由两根钢板焊成的纵梁和若干根横梁等组成。两根纵梁是用钢板焊接或用钢板冲压而成,纵梁的断面是前后变化的,由于后半部分承受较大部分的荷载,因此断面高度尺寸也是加大的,通常为了增加其强度采用箱形断面。前半部分承受荷载较小,断面高度尺寸要比后半部分小,采用槽形断面。两纵梁前后均用横梁相连。为了便于安装,横梁的形状并不相同。在车架后半部分因负荷的局部强度需要设置了 K 形梁。整体式车架如图 1.2 所示。

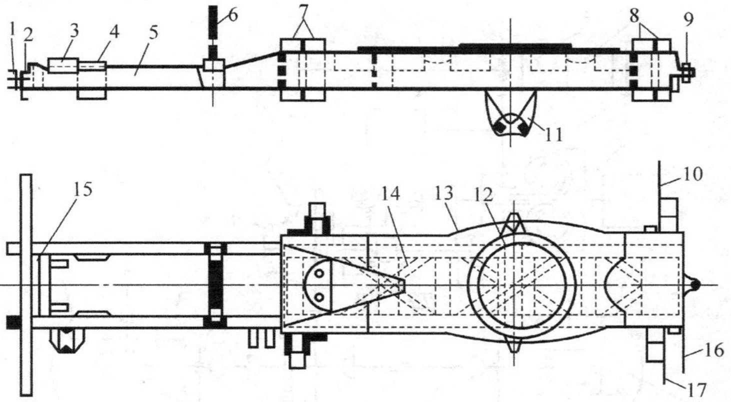

图 1.2　整体式车架

1—前脱钩;2—保险杠;3—转向机构支座;4—发动机支架板;5—纵梁;6—起重支架;7,8—支腿架;9—牵引架;10—右尾灯架;11—平衡轴支架;12—圆垫板;13—上盖板;14—斜梁;15—横梁;16—左尾灯架;17—牌照灯架

2)铰链式车架

铰链式车架被轮式装载机广泛使用。铰链式车架通常由两段半架组成,两半架之间用铰链连接,故称为铰链式车架。如图 1.3 所示为 ZL50 型装载机铰链式车架,它的前车架和后车架通过垂直铰销连接,可绕铰销相对偏转。前后车架的构造也是由两根纵梁和若干横梁铆接组成,纵梁和横梁之间用铆接或焊接。前车架与前桥连接,后车架通过副车架与后驱动桥组成。后驱动桥可绕水平销轴转动,从而减轻了地形变化对车架和铰销的影响。这种机械的转向系统简单可靠,而且转弯半径小。

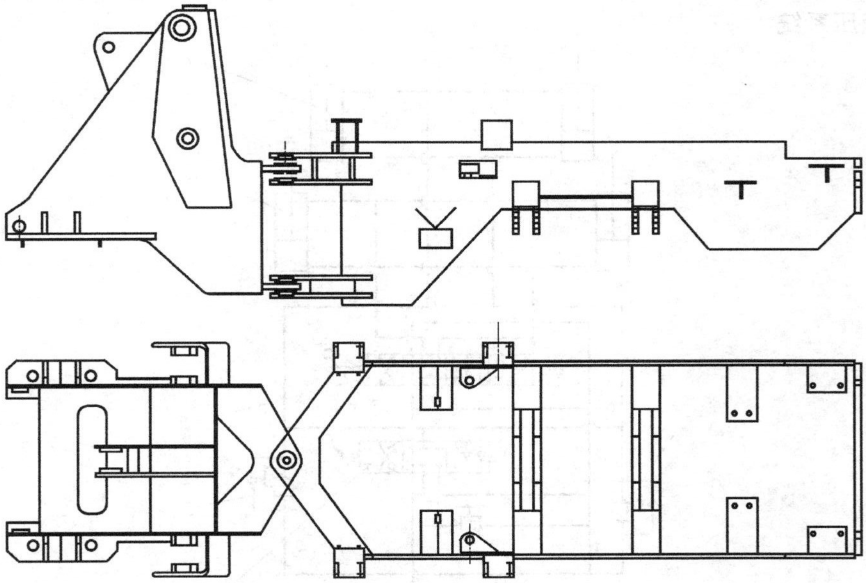

图 1.3　铰接式车架

(2)传动系统

1)ZL50 传动系统

ZL50 传动系统如图 1.4 所示。铲斗插入物料,靠的是行走机构的牵引力,前后桥都是驱动式的。

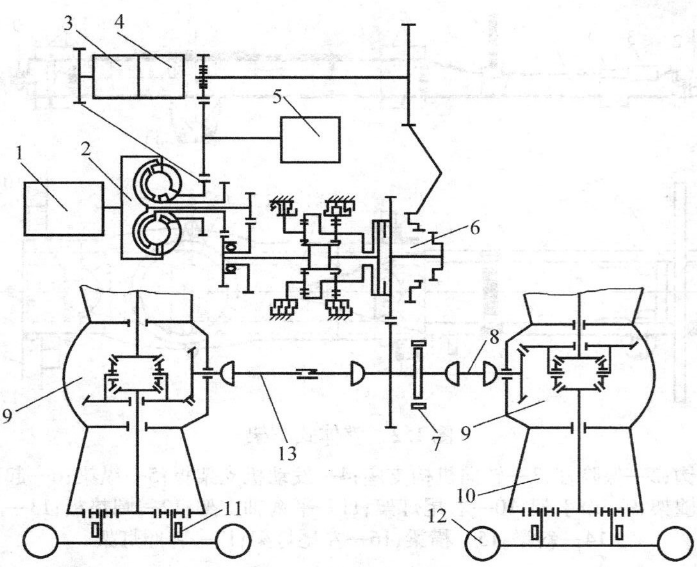

图 1.4　ZL50 传动系统

1—发动机;2—液力变矩器;3—液压泵;4—变速液压泵;5—转向液压泵;6—变速器;
7—手制动;8,13—传动轴;9—驱动桥;10—轮边减速器;11—脚制动器;12—轮胎

2)ZL50 传动路线

动力传递为:发动机 1→液力变矩器 2→变速器 6→传动轴 8,13→前后驱动桥 9→轮边减速器 10→驱动轮。ZL50 传动系统如图 1.4 所示。

(3)液压系统

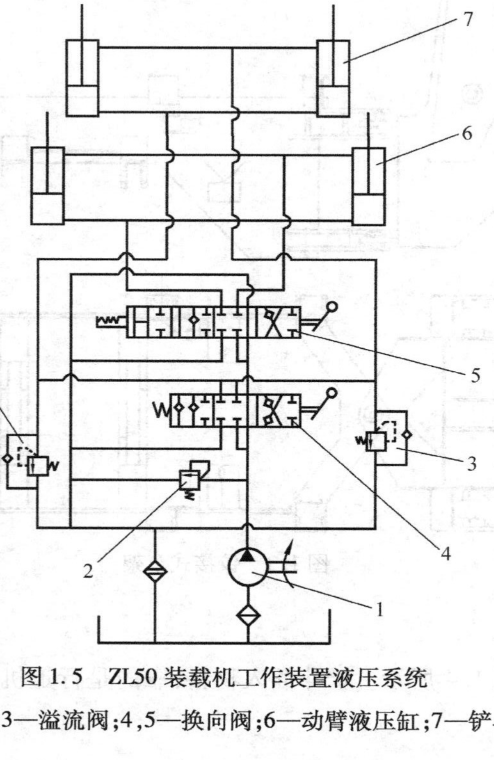

图 1.5　ZL50 装载机工作装置液压系统

1—液压缸;2,3—溢流阀;4,5—换向阀;6—动臂液压缸;7—铲斗液压缸

如图1.5所示为ZL50装载机工作装置液压系统。液压泵1输出高压油；换向阀4控制铲斗液压缸7→三位六通阀，控制铲斗后倾、固定、前倾；换向阀5控制动臂油缸6→四位六通阀，控制动臂上升、固定、下降、浮动（装载机作业时，工作装置由于自重支于地面，铲料时随地形的高低而浮动）；两个换向阀之间采用顺序回路组合，两个阀只能单独动作而不能同时动作，保证液压缸推力大，利于铲掘。

(4)制动系统

ZL50设有以下两套制动系统：

1)行车制动系统

如图1.6所示为气顶液四轮盘式制动。它用于经常性的一般行驶中速度控制、停车。

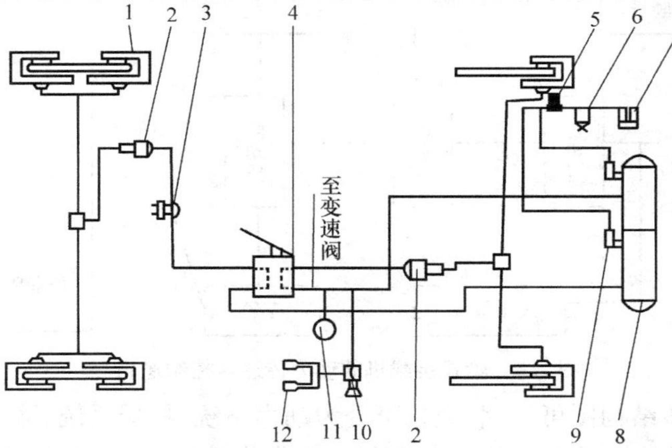

图1.6 气顶液四轮盘式制动

1—盘式制动器；2—加力器；3—制动灯开关；4—双管路气制动阀；5—压力控制器；6—油水分离器；7—空气压缩机；8—储气罐；9—单向阀；10—气喇叭开关；11—气压表；12—气喇叭

空气压缩机7由发动机带动，压缩空气经油水分离器6、压力控制器5、单向阀9进入储气罐8；踩下双管路气制动阀4，气分两路，分别进入前、后加力器2，推动盘式制动器1的活塞、摩擦片，压向制动盘而制动车轮。

2)紧急和停车制动系统

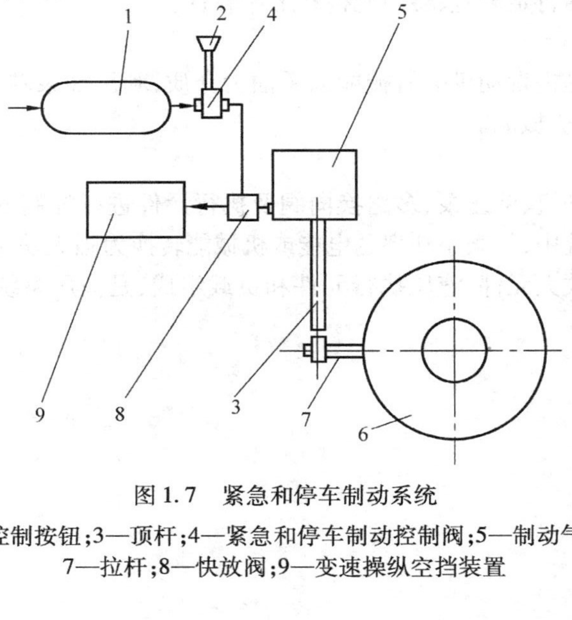

图1.7 紧急和停车制动系统

1—储气罐；2—控制按钮；3—顶杆；4—紧急和停车制动控制阀；5—制动气室；6—制动器；7—拉杆；8—快放阀；9—变速操纵空挡装置

如图 1.7 所示为紧急和停车制动系统，用于紧急情况时制动以及停车后的制动。

储气罐 1 来的压缩空气进入紧急和停车制动控制阀 4→制动气室 5→压缩大弹簧→制动器 6 被松开——正常情况；气压被释放时，大弹簧复位使制动器接合，装载机制动——紧急情况。

1.1.3 轮式装载机的动力传递与控制逻辑

轮式装载机的动力传递与控制逻辑如图 1.8 所示。

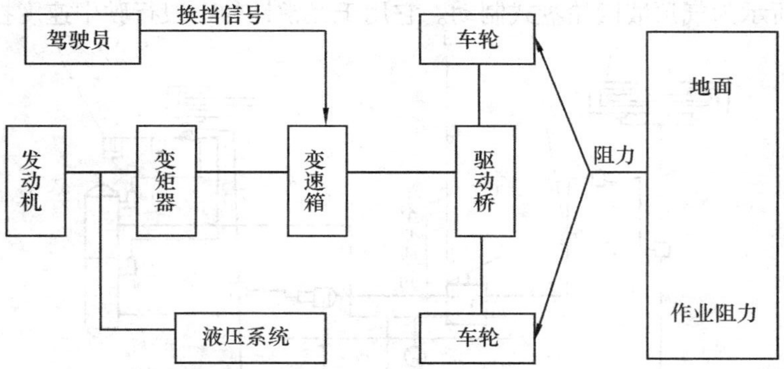

图 1.8 轮式装载机的动力传递与控制逻辑

从装载机的总体结构图可知，装载机可分为动力系统、机械系统、液压系统、控制系统。装载机作为一个有机整体，其性能的优劣不仅与工作装置机械零部件性能有关，还与液压系统、控制系统性能有关。

(1)动力系统

装载机原动力一般由柴油机提供，柴油机具有工作可靠、功率特性曲线硬、燃油经济等特点，符合装载机工作条件恶劣，负载多变的要求。

(2)机械系统

机械系统主要包括行走装置、转向机构和工作装置。

(3)液压系统

液压系统的功能是把发动机的机械能以燃油为介质，利用油泵转变为液压能，再传送给油缸、油马达等转变为机械能。

(4)控制系统

控制系统是对发动机、液压泵、多路换向阀及执行元件进行控制的系统。液压控制驱动机构是在液压控制系统中，将微小功率的电能或机械能转换为强大功率的液压能和机械能的装置。它由液压功率放大元件、液压执行元件和负载组成，是液压系统中进行静态和动态分析的核心。

实操任务单

编号:ZS-01-01

系别:__________　　专业:__________　　班级:__________

学习情境名称:轮式装载机总体结构及工作原理

<table>
<tr><td>能力目标</td><td>1. 能掌握轮式装载机的组成
2. 能掌握轮式装载机的工作原理
3. 能理解轮式装载机各部分相互作用关系
4. 能理解轮式装载机的动力传递与控制逻辑</td></tr>
<tr><td>准备</td><td>徐工 ZL50 轮式装载机,轮式装载机结构图和使用说明书</td></tr>
<tr><td>内容</td><td>识读结构图,回答下列问题:
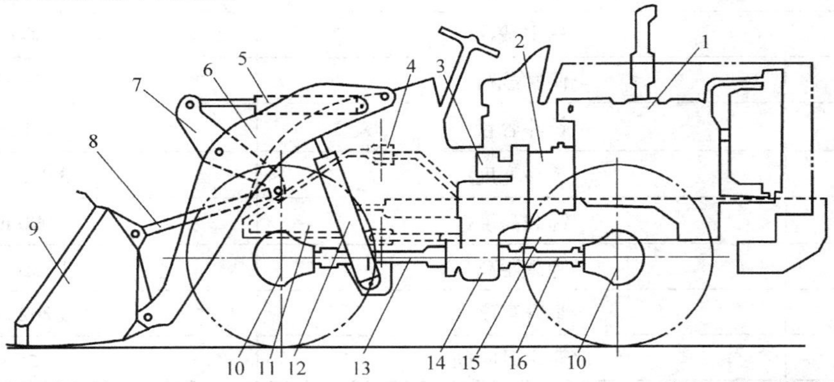

1. 装载机主要由________、________、________、________、________、车架、行走装置、工作装置、工作液压装置和操作系统组成
2. 装载机动力系统一般是________系统
3. 轮式装载机的车架一般是哪种形式的

4. 轮式装载机的动力是怎样传递到车轮的,如何达到速度的控制

5. 请对应结构图在装载机上标识各组成结构,并将动力传递路线图手绘出来</td></tr>
<tr><td>评分标准</td><td>前 4 题,每题 10 分,第 5 题 60 分,总分 100 分</td></tr>
<tr><td colspan="2">评价:
1. 自评

2. 互评

3. 教师评价

考核结果(等级):

教师:________
年　　月　　日</td></tr>
</table>

1.2 装载机技术性能参数

1.2.1 ZL50G 装载机主要技术参数

ZL50G 装载机主要技术参数见表 1.1。

表 1.1 ZL50G 装载机主要技术参数表

序号	项目名称		参数值
1	额定载荷		5 000 kg
2	倾翻载荷		123 kN
3	铲斗容量		3.0 m^3
4	铲斗宽度		3 000 mm
5	卸载高度		3 090 mm
6	卸载距离		1 130 mm
7	举升高度		5 262 mm
8	铲斗举升时间		≤6 s
9	三项和时间		≤11 s
10	最大掘起力		170 kN
11	最大牵引力		160 ± 5 kN
12	整机质量		17.5 t
13	铰接角度		±35°
14	最小转弯半径(轮胎中心)		6 400 mm
15	爬坡能力		30°
16	最小离地间隙		450 mm
17	轴距		3 300 mm
18	轮距		2 250 mm
19	速度	前进	Ⅰ挡 0 ~ 11.5 km/h, Ⅱ挡 0 ~ 37 km/h
		后退	0 ~ 16.5 km/h
20	发动机型号		WD10G220E11
21	额定功率		162 kW
22	额定转速		2 200 r/min
23	轮胎规格		23.5-25-16PR
24	整机外形尺寸		长 8 200 mm × 宽 3 000 mm × 高 3 485 mm

1.2.2　ZL50G 装载机技术性能特点说明

ZL50G 轮式装载机是徐工集团工程机械股份有限公司在吸收引进日本川崎装载机的先进设计及制造技术的同时，经广泛市场及技术调研而开发设计的一种新型装载机。该机型集卡特(980G)、小松(WA380-Ⅲ)和日本川崎装载机的技术优点为一体，具有高起点、高技术、高性能、高质量的特点，荣获国家级新产品称号和国家科技进步奖，连续 10 年引领中国装载机行业出口和国内高端市场。

主要机构性能特点如下：

(1)动力传动系统

1)发动机

采用康明斯 Cummins C8.3-C 型增压柴油机，动力性好，扭矩储备大，经济性好、燃油消耗和机油消耗低，是专门针对工程机械作业工况精心设计制造并经过验证的优质产品。

动力系统采用双向减振技术，全方位弹性悬挂，有效克服动力系统与车架之间的共振，降低噪声及动力系统的疲劳破坏。

液压油、传动油全面散热，大容量水箱，"风洞"式导风罩，彻底解决热平衡问题。

2)变速箱

采用行星式液压换挡变速箱，操作更加轻便、灵活。

3)驱动桥

采用工程机械专用加强型驱动桥，质量稳定，性能可靠，维修方便。

(2)液压系统

工作液压系统与转向液压系统采用双泵分合流技术，降低泵的排量，提高泵的可靠性，降低液压空载损失，节省功率，能够充分利用发动机功率。

先导操纵工作液压系统，操纵轻松自如，降低了司机的工作强度。

转向系统采用全液压流量放大系统，转向限位为液压柔性和机械刚性双重限位，液控限位优先于机械限位，无冲击，无破坏。

(3)制动系统

行车制动采用气顶油四轮制动，设有动力切断选择开关，兼顾启动性能和坡道等复杂路况作业安全；驻车制动与紧急制动"二合一"，低气压自动作用及低气压启动保护功能，行车、驻车安全可靠。

(4)驾驶室和操纵系统

全新造型的等同于装载机制造水平的豪华驾驶室，密封减振，隔音降噪，内部空间大，内饰美观。驾驶室室内布置冷暖空调，多窗式立体送风，即快速除霜，完全满足操作者对冷暖的需要。

加大了前后挡风玻璃，视野极为开阔；防紫外线有色玻璃，丝网印刷遮阳膜；座椅和方向器随意可调，徐工防滑地板、防滑台架，注塑仪表盘基操作箱布局科学，配前后雨刮器，处处体现"以人为本"的设计理念，提供给操作者最舒适的工作环境。

(5)可维修性

各种油位检查、油液添加及润滑脂加注等保养点均布置在易于接近的部位，空滤器滤芯、电气设备等的检修拆换均可方便进行。

整体后翻式发动机罩可使发动机、冷却系统等完全暴露，操纵简单轻便；侧门可轻易开启以便检查添加发动机机油位及更换滤芯，维护保养轻松简便。

(6)车架

前后车架布置合理,结构简明,减少了压型和不规则焊缝,强化了重要承力部位,能承受各种工况下的扭力及冲击载荷。

加大了铰接中心上下铰接销的距离,分散了铰接处的作用力,可降低铰接销的应力,并提高轴承使用寿命。

上下铰接销处均采用双圆锥滚子轴承,增大了承载能力,提高了行驶稳定性。

前车架刚性好,为动臂及油缸提供了一个坚实的安装座,可吸收强烈的扭力、冲击力和装载作业力。

(7)工作装置及铲斗

工作装置经最优化设计,采用单摇臂、短拉杆、卧置动臂缸的Z形反转六连杆结构,具有优越的作业性能和作业效率。

具有铲斗任意位置自动放平功能,再次铲装时无须对铲斗状态进行调整,简化了司机操作。

具有靠挡块功能,物料运输时能保证收斗限位块与动臂紧密贴合,防止物料撒落。

主要铰点采用两级防尘结构,可有效防尘并保护润滑脂免受污染,对铰接销及轴套提供了可靠的保护。

铲斗主要易磨损部位采用耐磨板制造,铲斗使用寿命长。

(8)多用性

ZL50G装载机可选配雪犁、加大斗、高卸、夹钳、侧卸斗等不同作业机具,满足不同的作业需求。

1.2.3 ZL50G装载机关键部件

ZL50G装载机关键部件明细见表1.2。

表1.2 ZL50G装载机关键部件明细表

序号	主要配置项	规格型号	生产厂家
1	发动机	康明斯 Cummins C8.3-C	康明斯公司
2	变速箱	ZL40/50	徐工自制
3	驱动桥	ZL50G	徐工自制
4	工作泵	CBGj3100	济南液压泵有限公司
5	转向泵	CBGj2080	济南液压泵有限公司
6	分配阀	DF32	临海海宏液压件公司
7	流量放大阀	ZLF25A1	临海海宏液压件公司
8	先导阀	DXS-00	临海海宏液压件公司

注:整机配置冷暖空调。

1.2.4 50型装载机技术参数对比

50型装载机技术参数对比见表1.3。

表 1.3　50 型装载机技术参数对比(参考)

公司名称		单位	柳工	厦工	龙工	徐装	临工	山工	常林	成工	美国 CAT	日本小松
产品型号			ZL50C	ZL50C-Ⅱ	ZL50C-Ⅱ	ZL50E	ZL50C	ZL50D	ZLM50E-3	ZL50B	950B	WA380-3
额定斗容(通用斗)		m^3	3	3	3	2.7	3	2.7	3	3	3.1	3
额定载荷		kg	5 000	5 000	5 000	5 000	5 000	5 000	5 000	5 000	5 000	5 000
柴油机	型号		6135K-9a 或 WD615.67G3	6135K-9a	6135K-9a	6135K-9a	6135K-9a 或 WD615.67G3	WD615.67G3	6135K-9a 或 WD615.67G3	6135K-9a	CAT3126DITA	小松 S6D114
	飞轮功率	kW	154.5	154.5	154.5	154	154.5	162	154.5 或 162	154.5	134 *	146 *
	额定转速	r/min	2 200	2 200	2 200	2 200	2 200	2 200	2 200	2 200	2 200	2 200
最大掘起力		kN	160	145	>120	163	125	179	150	125	146	168
最大牵引力		kN	146	140		145				137	124	147
整机操作质量		kg	17 500	16 300	17 000	16 700	16 800	17 000	16 300	16 500	17 782	16 360
倾复载荷	全转位置	kg	11 900					≥10 000	≥10 000		10 710	
车速	Ⅰ挡 前进(后退)	km/h	10(13)	11.5(16)	11.5(16)	11.5(16.5)	11(16)	8(8)	7.05(9.0)	12(15)	6.9(7.4)	7.4(8.0)
	Ⅱ挡 前进(后退)		34	36	36	37	38	15(15)	11.7(13.4)	36	12.7(13.9)	12.3(12.8)
	Ⅲ挡 前进(后退)							23(23)	34.6(38.2)		22.3(24.5)	21.4(22.6)
	Ⅳ挡 前进(后退)							38(38)			37(40.5)	34.0(35.0)
最大卸载高度		mm	2 900	2 950	2 950	2 950	2 900	2 950	2 955	2 900	2 890	2 900
卸载距离(最大卸高时)		mm	1 050	1 290	1 290	1 100	1 000	1 325	1 105	1 000	1 270	1 170
轴距		mm	3 427	2 760	2 760	3 200	2 760	3 200	3 100	3 280	3 200	3 200
轮距		mm	2 150	2 240	2 240	2 200	2 250	2 250	2 200	2 100	2 140	2 160
最小离地间隙		mm	485	470	450	450	505	450	450		455	455
转向角		(°)	±35	±35	±35	±35	±35	±35	±38	±35	±40	±40

续表

公司名称			单位	柳工	厦工	龙工	徐装	临工	山工	常林	成工	美国 CAT	日本小松
产品型号				ZL50C	ZL50C-Ⅱ	ZL50C-Ⅱ	ZL50E	ZL50C	ZL50D	ZLM50E-3	ZL50B	950B	WA380-3
最小转弯半径	轮胎外侧		mm	6 450	5 670	5 670	6 250		6 356	5 670	6 700		5 475
	铲斗外侧		mm	7 720	6 650	6 650	7 230	6 580	7 268	6 575	7 300	6 645	6 470
外形尺寸	长		mm	7 939	7 310	7 310	7 800	7 250	7 915	7 850	7 750	8 026	7 965
	宽	铲斗外侧	mm	2 956	2 990	2 990	2 950	2 850	3 070	2 946	2 850	2 930	
		轮胎外侧	mm	2 750	2 840	2 840	2 800	2 845	2 845	2 800	2 705	2 780	2 780
	高		mm	3 410	3 240	3 240	3 200	3 270	3 200	3 450	3 520	3 380	3 380
工作提升要时间	提升		s	6.5	6.8	8		6.5	7.5	6.2	6.5	6.3	6.1
	下降		s	2.5					4.8	3.8	3.5	2.1	3.4
	卸料		s	3					1.5	1.8	2	2.1	1.5
	合计		s	12	12.3	14	11.5		13.8	11.8	12	10.7	11
轮胎型号				23.5-25	23.5-25	23.5-25	23.5-25	23.5-25	23.5-25	23.5-25	23.5-25	23.5-25	23.5-25

实操任务单

编号:ZS-01-02

系别:______________　　专业:______________　　班级:______________

学习情境名称:装载机主要技术参数

能力目标	1. 熟悉装载机各个组成结构及动力特性 2. 认识装载机的各项性能参数 3. 进一步培养学生认真的工作态度和细致的工作作风,熟悉操作流程
准备	徐工 ZL50 装载机 1 台,徐工 ZL50 装载机操作手册
内容	看表认识徐工 ZL50 装载机各项技术参数,通过查找资料和同类型其他品牌的装载机进行参数对比,并找出发动机、最大卸载高度、卸载距离(最大卸高时)、轴距、轮距、最小转弯半径及外形尺寸的不同之处,对装载机的工作效率各有什么影响,说明徐工 ZL50 装载机的优劣势
评分标准	每个参数说明及对比分析,每条 10 分
评价: 1. 自评 2. 互评 3. 教师评价 考核结果(等级): 教师:________ 年　月　日	

1.3　装载机驾驶室认识

1.3.1　装载机驾驶室

(1)装载机驾驶室仪表及操作位置

装载机驾驶室如图 1.9 所示。变速操作位置如图 1.10 所示。操纵杆位置如图 1.11 所示。

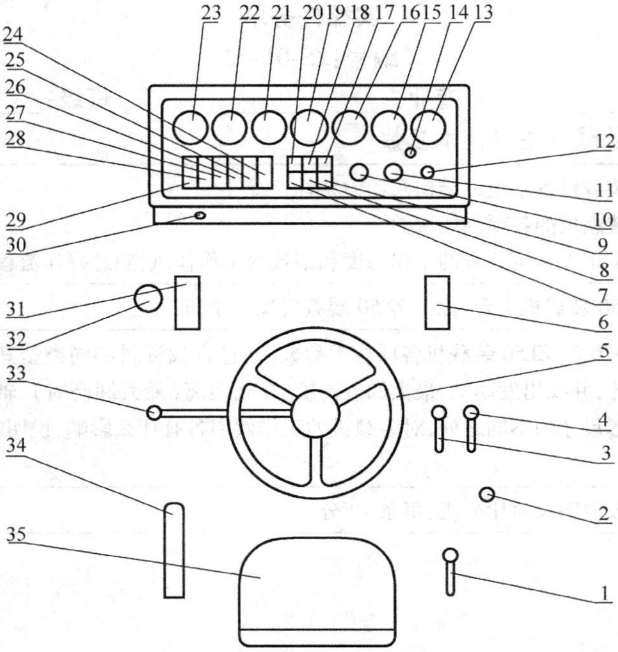

图 1.9　驾驶室

1—高低挡操纵杆;2—熄火拉线;3—动臂操纵杆;4—转斗操纵杆;5—方向盘;6—油门踏板;
7—发动机油压警报灯;8—制动指示灯;9—低气压警报灯;10—启动钥匙开关;
11—启动按钮;12—转向灯开关;13—计时表;14—充电指示灯;15—变速箱油压表;
16—变矩器油温表;17—右转向指示灯;18—远光指示灯;19—前后气压表;
20—左转向指示灯;21—发动机油压表;22—发动机水温表;23—电压表;24—电风扇开关;
25—刮水器开关;26—顶灯开关;27—后大灯开关;28—工作灯开关;29—电源控制开关;
30—车灯开关;31—制动踏板;32—变光开关;33—变速手柄;34—手制动手柄;35—座椅

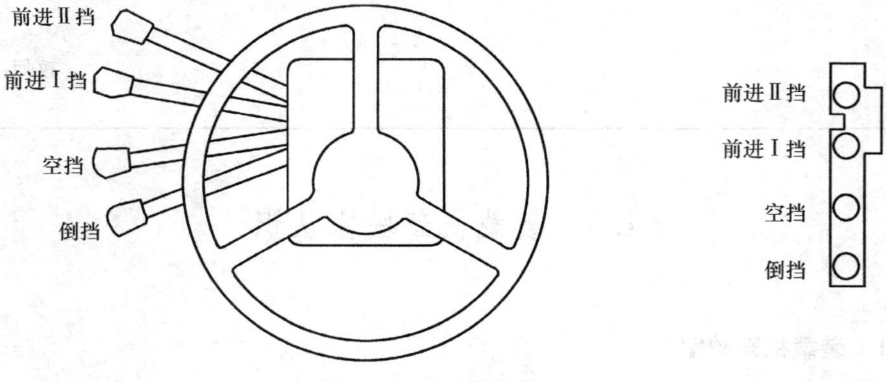

图 1.10　变速操作位置

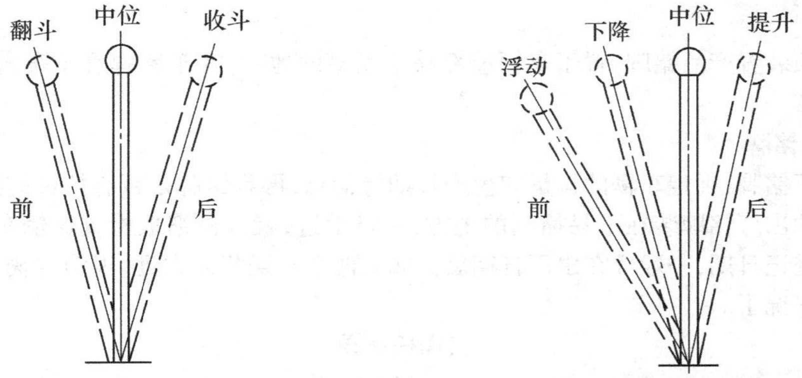

（a）铲斗操纵杆位置　　（b）动臂操纵杆位置

图 1.11　操纵杆位置

(2)装载机常用仪表及正常值

①气压表。是指示制动气压系统的压力，正常气压为 0.44～0.81 MPa。

②变速油压力表。是指示变速油压力值，正常压力 1.1～1.5 MPa。

③变矩油温表。是指示变矩器液力油温度，正常温度 80～120 ℃。

④发动机水温表。是指示发动机水温，正常温度为 75～90 ℃。

⑤发动机油温表。是指示发动机润滑油温度，正常值 45～90 ℃。

⑥电流表。是指示蓄电池充放电流大小，“＋”为充电指示，“－”为放电指示。

⑦发动机油压表。是指示发动机润滑油压力，怠速时≥0.05 MPa，额定转速时 0.25～0.5 MPa。

1.3.2　装载机铭牌

ZL30 装载机铭牌如图 1.12 所示。

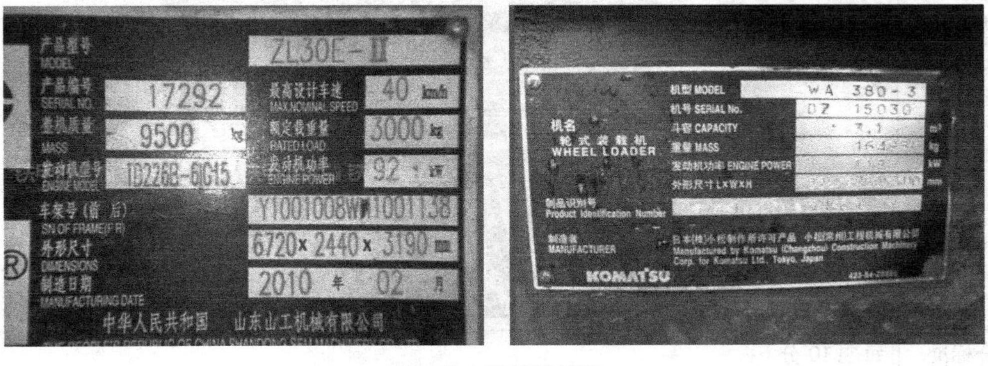

图 1.12　装载机铭牌

(1)定义

车辆铭牌是标明车辆基本特征的标牌。

(2)主要内容

车辆铭牌是标明车辆基本特征的标牌，主要包括厂牌、型号、发动机功率、总质量、载质量或载客人数、出厂编号、出厂日期及厂名等。

(3)位置

车辆必须装置产品铭牌，置于车辆前部易于观察的地方，客车铭牌置于车内前乘客门的上方。

(4)出厂铭牌

先看出厂铭牌，确定车辆的排量和生产日期等信息，再看铭牌是否有拧过的痕迹和划伤，因为许多车的出厂铭牌装在不易撞到的地方，一旦动过，就应仔细地检查这辆车。最后检查行驶本上的登记日期，一般都在出厂日期后。如果两个日期相差太远，表明这辆车是积压车，就必须检查车况了。

实操任务单

编号：ZS-01-03

系别：______________ 专业：______________ 班级：______________

学习情境名称：装载机驾驶认识

能力目标	1. 认识不同仪表及其作用 2. 了解常用仪表的正常工作值 3. 认识装载机铭牌 4. 学会从铭牌读取装载机信息
准备	ZL50 装载机 1 台，ZL30 装载机铭牌
内容	1. 装载机驾驶室总共有多少个仪表？ 2. 气压表的正常气压？ 3. 发动机油温表是指示什么温度？ 4. 一般铭牌包含了哪几个内容？ 5. 铭牌有何作用？ 6. 阅读下列铭牌，指出该铭牌应在什么位置，并说明其上的主要内容。 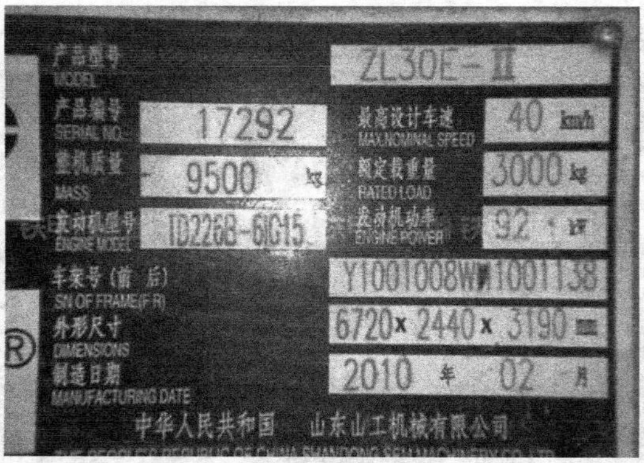
评分标准	每题 10 分

续表

评价： 1. 自评   2. 互评   3. 教师评价   考核结果（等级）：   教师：______ 年 月 日

1.4 装载机操作与维护相关法律规定及安全注意事项

1.4.1 上车前的安全注意事项

①驾驶员及有关人员在使用装载机之前，必须认真仔细地阅读制造企业随机提供的使用维护说明书或操作维护保养手册，按资料规定的事项去做。否则会带来严重后果和不必要的损失。

②驾驶员穿戴应符合安全要求，并穿戴必要的防护设施。在作业区域范围较小或危险区域，则必须在其范围内或危险点显示出警告标志。

③绝对严禁驾驶员酒后或过度疲劳驾驶作业。

④在中心铰接区内进行维修或检查作业时，要装上“防转动杆”以防止前、后车架相对转动。

⑤维修装载机需要举臂时，必须把举起的动臂垫牢，保证在任何维修情况下，动臂绝对不会落下。

1.4.2 发动机启动前的安全注意事项

①检查并确保所有灯具的照明及各显示灯能正常显示。特别要检查转向灯及制动显示灯的正常显示。

②检查并确保在启动发动机时，不得有人在车底下或靠近装载机的地方工作，以确保出现意外时不会危及自己或他人的安全。

③启动前装载机的变速操纵手柄应扳到空挡位置。

④不带紧急制动的制动系统，应将手制动手柄扳到停车位置。

⑤只能在空气流动好的场所启动或运转发动机。如在室内运转时，要把发动机的排气口接到或朝向室外。

1.4.3 发动机启动后及作业时安全注意事项

①发动机启动后，等制动气压达到安全气压时再准备起步，以确保行车时的制动安全性。有紧急制动的把紧急及停车制动阀的按钮按下（只有当气压达到允许起步气压时，按钮才能按下，否则按下去会自动跳起来），使紧急及停车制动释放，才能挂Ⅰ挡起步。无紧急制动的只需将停车制动手柄放下，释放停车制动即可起步。

②清除装载机在行走道路上的障碍物，特别要注意铁块、沟渠之类的障碍物，以免割破轮胎。

③将后视镜调整好，使驾驶员入座后能有最好的视野效果。

④确保装载机的喇叭、后退信号灯，以及所有的保险装置能正常工作。

⑤在即将起步或在检查转向左右灵活到位时，应先按喇叭，以警告周围人员注意安全。

⑥在起步行走前，应对所有的操纵手柄、踏板、方向盘先试一次，确定已处于正常状态才能开始进行作业。要特别注意检查转向、制动是否完好。确定转向、制动完全正常，方可起步运行。

⑦行进时，将铲斗置于离地 400 mm 左右高度。在山区坡道作业或跨越沟渠等障碍时，应减速、小转角，要注意避免倾翻。当装载面在陡坡上开始滑向一边时，必须立即卸载，防止继续滑下。

⑧作业时尽量避免轮胎过多、过量打滑；尽量避免两轮悬空，不允许只有两轮着地而继续作业。

⑨作牵引车时，只允许与牵引装置挂接，被牵引物与装载机之间不允许站人，且要保持一定的安全距离，防止发生安全事故。

1.4.4 停机时的安全注意事项

①装载机应停在平地上，并将铲斗平放地面。当发动机熄火后，需反复多次扳动工作装置操纵手柄，确保各液压缸处于无压休息状态。当装载机只能停在坡道上时，要将轮胎垫牢。

②将各种手柄置于空挡或中间位置。

③先取下电锁钥匙，然后关闭电源总开关，最后关闭门窗。

④不准停在有明火或高温地区，以防轮胎受热爆炸，引起事故。

⑤利用组合阀或储气罐对轮胎进行充气时，人不得站在轮胎的正面，以防爆炸伤人。

1.4.5 安全守则

①必须严格遵守公司安全规定。

②只有经过培训或指定的人员才能操作和维护装载机。

③严禁酒后驾车。

④如果感觉不适或服用了会引起睡眠的药品，都不能操作装载机。

⑤加注、检查燃油、防冻液时，要关闭发动机，并禁止吸烟，远离明火。

⑥上下装载机时不要抓握任何操纵杆。

⑦离开装载机时,应将工作装置完全降至地面。然后关闭发动机,用钥匙锁上所有设备。

⑧操作时要注意的安全措施如下:

a. 禁止超负荷作业。

b. 当运载重负荷时,禁止将铲斗举高及转动方向,防止装载机倾翻。

c. 在斜坡上行驶时,应使铲斗靠近地面(200 ~ 300 mm),在紧急情况下,要迅速将铲斗降至地面,帮助装载机停下。

d. 不要在斜坡上转向或横穿斜坡。

e. 在斜坡上时不要在草地、落叶的地方或湿钢板上行驶。即使很小的斜坡都会使装载机滑向侧面,因此要低速行驶确保装载机始终在斜坡上直上直下。

f. 如果发动机在斜坡上熄火,应采取紧急刹车并将铲斗降至地面,在轮胎下面楔上垫块,防止装载机在其自重下产生下滑移动所造成的危险。

g. 作业时不要靠悬崖边缘太近。

h. 在雾天、下雪天或大雨天以及能见度很差的条件下不要作业,要等到能见度足够进行工作时再作业。

i. 在黑暗的地方作业时,应接通工作灯、前大灯,必要时应在工地安装照明灯。

j. 在隧道中、电线下面或其他限高的地方工作时要特别小心,不要让铲斗碰撞任何物体。

k. 不要让装载机接触上方的电线(电缆)。

1.4.6　装载机安全驾驶技术

装载机驾驶员安全技术操作规程如下:

①驾驶员必须经过专业技术培训,并经有关劳动部门考核批准,取得相关劳动部门颁发的"特种作业操作证",且经项目部三级安全教育后,方可上岗作业。

②驾驶操作前应检查刹车、方向、喇叭、照明、液压系统等各部件是否齐全有效。要熟悉和掌握机械的性能,严禁带病出车。

③驾驶员应认真遵守交通规章制度及项目部各项规章制度,服从现场管理人员的管理和指挥。

④上班之前必须穿戴好劳动保护用品,起步前观察四周,先鸣笛后起步,严禁酒后上班。

⑤机械行驶作业时,驾驶室内或其他任何部位严禁搭乘人员,更不允许在铲斗中搭人。

⑥装载机下坡时,严禁发动机熄火和空挡滑行。在坡道驾驶应放慢行驶,严禁紧急制动,防止车辆倾覆。

⑦铲装作业前应观察现场和周围环境,明确施工方案要求。超过 6 m 的高台下方严禁铲装作业,危险区域作业现场要有指挥人员监控指挥,严禁乱干、蛮干。

⑧铲装作业时,车速不得超过 4 km/h,牵引物件时,钢丝绳长度不得小于 5 m,并牢固拴在牵引架上,拖动必须正向行驶。

⑨装载机只准原地吊装物件,并且有人指挥,不准长距离吊运物件,不准铲斗偏重装载。

⑩禁止在陡坡转弯、倒车和停车。

⑪改变行驶方向和变换驱动杆必须停车后进行。

⑫不得将铲斗提升到最高位置运输物料,运载物料时应保持平稳行驶,动臂下脚点离地 400 mm。

⑬铲装作业间歇后重新作业，应检查四周是否有人，确保安全作业。

⑭严禁无证驾驶，严禁实习驾驶员独立上岗作业。

⑮认真学习钻研业务，努力提高安全生产和技术水平，积极提出有利于安全生产的合理化建议。

实操任务单

编号：ZS-01-04

系别：__________ 专业：__________ 班级：__________

学习情境名称：装载机操作与维护相关法律规定及安全注意事项

能力目标	1. 参照使用说明书，按照要求熟悉各种安全标识的位置和含义 2. 熟读并理解日常操作中的注意事项
准备	徐工 ZL50 装载机 1 台，装载机操作手册，熟悉操作流程
内容	根据以下 4 个内容回答问题： 1. 装载机上车前后安全注意事项 2. 发动机启动前后安全注意事项 3. 装载机安全操作常识 4. 装载机作业时安全注意事项 问题： 1. 装载机上车前应该检查的内容有哪些 2. 发动机启动前后如何判断问题 3. 如何确定装载机停车作业环境中的隐患 4. 如何检查装载机作业中的常见问题 5. 简述装载机操作中的注意事项以及常见问题
评分标准	每题 10 分
评价： 1. 自评 2. 互评 3. 教师评价 考核结果（等级）： 教师：______ 年 月 日	

第2章 装载机操作使用技术

2.1 徐工ZL50装载机静机(起步前)训练

2.1.1 操作前的检查调整

操作前的绕机检查是为了保证操作者与周围人群的安全,同时也是增加装载机使用寿命的必要工作。具体项目见表2.1。

表2.1 装载机操作前检查表

序号	点检项目	要 求	结果	备注
1	发动机机油油位	油标指定刻度线之间		
2	水箱及散热器	无集污,无漏油、漏气、漏水,水箱水位盖下2 cm		
3	燃油箱油位	能连续工作10 h以上		
4	变速箱油位	油尺规定		
5	制动油杯	油位在刻度线上,接合处无漏油		
6	制动钳	接合处无漏油,快脱阀无漏气		
7	工作液压系统	油箱油位在刻度线上,各接头无漏油		
8	动臂	动臂和铲斗不能有严重歪斜		
9	铲斗	铲斗斗齿无断裂或磨损小于1/4,且铲斗无严重变形		
10	前后传动轴、变速箱前后输出轴	联接螺栓无松动、无丢失		
11	轮胎	胎压正常、联接螺栓无松动、无丢失		
12	工作灯及玻璃	无破损,正常		

续表

序号	点检项目	要　求	结果	备注
13	蓄电池	联接无松动,反应液位正常		
14	驾驶室	开关、手柄操作灵活安全准确,仪表盘、指示灯完整工作正常		
15	离合器	踩踏离合,挂挡自如		
16	润滑脂加注	依照整机加注表执行		

2.1.2　发动机启动前的安全注意事项

①检查并确保所有灯具的照明及各显示灯能正常显示。特别要检查转向灯及制动显示灯的正常显示。

②检查并确保在启动发动机时,不得有人在车底下或靠近装载机的地方工作,以确保出现意外时不会危及自己或他人的安全。

③启动前装载机的变速操纵手柄应扳到空挡位置。

④不带紧急制动的制动系统,应将手制动手柄扳到停车位置。

⑤只能在空气流动好的场所启动或运转发动机。如在室内运转时,要把发动机的排气口接到或朝向室外。

2.1.3　发动机的启动

①应检查停车制动器是否拉上,变速杆是否挂于空挡位置,工作装置操纵杆是否置于中位。

②启动时要确认周围没有人,特别要注意行人。

③合上电源开关,接通电源。然后把锁钥匙插入,向右转动,再按启动按钮。启动后应立即松开启动开关。

④启动时应注意,按启动按钮时,一次不得超过 5 ~ 10 s,如再次按启动按钮时,应等 1 ~ 2 min 之后方可再次启动,连续 3 次启动失败,应查找原因,待查出并排除故障之后,才允许继续按启动按钮,否则启动马达容易烧坏。

2.1.4　发动机启动后及作业时安全注意事项

①发动机启动后,等制动气压达到安全气压时再准备起步,以确保行车时的制动安全性。应该检查发动机机油压力表读数,应为 0.2 ~ 0.4 MPa,若压力不足或无压力,必须立即停车检查,否则会发生烧坏轴瓦等事故。另外,还要检查电流表的指向,应指向正方向;制动气压应为 0.6 ~ 0.8 MPa;水温不低于 65 ℃;发动机机油温度不低于 60 ℃。还要观察有无漏油、漏水、漏气,或有无异响等。有紧急制动的把紧急及停车制动阀的按钮按下(只有当气压达到允许起步气压时,按钮才能按下,否则按下去会自动跳起来),使紧急及停车制动释放,才能挂 I 挡起步。无紧急制动的只需将停车制动手柄放下,释放停车制动即可起步。

②清除装载机在行走道路上的障碍物,特别要注意铁块、沟渠之类的障碍物,以免割破轮胎。

③将后视镜调整好，使驾驶员入座后能有最好的视野效果。

④确保装载机的喇叭、后退信号灯，以及所有的保险装置能正常工作。

⑤在即将起步或在检查转向左右灵活到位时，应先按喇叭，以警告周围人员注意安全。

⑥在起步行走前，应对所有的操纵手柄、踏板、方向盘先试一次，确定已处于正常状态才能开始进行作业。要特别注意检查转向、制动是否完好。确定转向、制动完全正常，方可起步运行。

⑦作业结束后不要立即停车，至少应该空转 5 min 以上，待发动机热量排除之后再熄火停车，保证发动机使用寿命。

2.1.5 装载机工作装置检查

开动装载机之前一定要对装载机的工作装置做一个最基本的检查，让各个工作装置做一个最基本的动作，以此观察工作装置是否正常，如果不正常，需要及时地做出调整修复，避免出现不可挽回的损失。

徐工 ZL50 装载机工作装置由铲斗、动臂、摇臂及连杆等组成。铲斗用来铲装物料，动臂与动臂油缸的作用是用以提升铲斗并使之与车架连接，转斗油缸通过摇臂、连杆使铲斗转动。动臂的升降和铲斗的转动靠液压操纵。

(1) 外观检查

①动臂、摇臂和拉杆不应有变形和裂纹，轴销应固定牢靠，润滑应良好。

②铲斗应完好，不应有裂纹，斗齿应齐全、完整，不应松动。

③各油管接头处无泄漏。

(2) 动作检查

①动作平稳、连贯、无抖动、停滞、拖曳、窜动等。

②三项和时间在 10 s 左右。

③动臂单位时间下降量满足设计要求。

实操任务单

编号:ZS-02-01

系别:________ 专业:________ 班级:________

学习情境名称:徐工 ZL50 装载机静机(起步前)训练

能力目标	1. 了解装载机安全驾驶技术 2. 了解 ZL50 装载机工作装置的基本操纵 3. 了解 ZL50 装载机安全驾驶流程 4. 了解开动 ZL50 装载机的安全手册
准备	开动徐工 ZL50 装载机注意事项
内容	仔细阅读开动徐工 ZL50 装载机注意事项,回答下列问题: 1. 行驶或作业时,发动机水温________ 变矩器油温________ 变速油压________ 制动气压________ 2. 行驶时,千万不可________因为是特殊车辆,尤其在托运平板车时,对其倒车、转弯时都应当十分小心。 3. 工作时,对作业现场的地形、地貌、地质情况应进行调查,避免________,负责引导的人不在此限。 4. 发动机长期不工作时,在启动前应将________并按发动机操作、保养说明,进行加水加油检查各部分等启动前的保养工作。 5. 装载机启动前的检查工作有哪些,需要注意什么? 6. 制动气压低的情况下启动会有什么危害?
评分标准	每题 10 分
评价: 1. 自评 2. 互评 3. 教师评价 考核结果(等级): 教师:________ 年 月 日	

2.2　装载机驾驶操作(起步、变速、转向、停车)

2.2.1　起步

(1)步骤

①升动臂,上转铲斗,使动臂下交点离地 40 ~ 50 cm。

②右手握方向盘,左手将变速杆置于所需挡位。

③观察机械周围情况,鸣喇叭。

④放松手制动器操纵杆。

⑤逐渐下踏油门踏板,使装载机平稳起步。

(2)操作要领

起步时,要倾听发动机声音,如果转速下降,油门踏板要继续下踏,提高发动机转速,以利起步。

2.2.2　换挡

(1)步骤

1)加挡

①逐渐加大油门,使车速提高到一定程度。

②在迅速放松油门踏板的同时,将变速杆置于高挡位置。

2)减挡

①放松油门踏板,行驶速度降低。

②将变速杆置于低挡位置,同时踏下油门踏板。

装载机前进和倒退挡互换应停车进行。

(2)操作要领

加挡前一定要加速,放松油门踏板后,换挡动作要迅速;减挡前除将发动机减速外,还可用脚制动器配合减速。加、减挡时,两眼应注视前方,保持正确的驾驶姿势,不得低头看变速杆;同时要掌握好方向盘,不能因换挡而使装载机跑偏,以防发生事故。

2.2.3　转向

(1)步骤

①一手握方向盘,另一手打开转向灯开关。

②两手握方向盘,根据行车需要操纵方向盘修正行驶方向。

③关闭转向灯开关。

(2)操作要领

①转向前,视道路情况降低行驶速度,必要时换入低速挡。

②在直线行驶修正行驶方向时，要稍打稍回，及时打及时回，切忌猛打猛回，造成装载机“画龙”行驶。转弯时，要根据道路弯度，大把转动方向盘，使前轮按弯道行驶；当前轮接近新方向时，即开始回轮，回轮的速度要适合弯道需要。

③转向灯开关使用要正确，防止只开不关。

2.2.4 制动

制动方法可分为预见性制动和紧急制动。在行驶中操作者应正确选用，保证行驶安全。

(1)预见性制动

装载机行驶中，操作者对已发现的地形、行人、车辆等交通情况的变化，或预计到可能出现的复杂情况，有目的地采取减速或停车措施，称为预见性制动。预见性制动不但能保证行驶安全，而且还可避免机件、轮胎的损伤。因此，这是一种最好的和应经常采用的制动方法。

预见性制动操作方法有以下两种：

1)减速制动

它是在变速杆处于工作位置时，主要用降低发动机转速限制装载机的行驶速度，一般用在停车前、换低挡前、下坡和通过凹凸不平地段时使用。其方法是发现情况后，先放松油门踏板，利用发动机低速牵制行驶速度，使装载机减速，并根据情况持续或间断地轻踏制动踏板，使装载机进一步降低速度。

2)停车制动

停车时使用。其方法是放松油门踏板，当装载机行驶速度降低到一定程度时，即踏下离合器踏板，同时轻踏制动踏板，使装载机平稳停车。

(2)紧急制动

装载机在行驶中遇到紧急情况时，操作者迅速使用制动器，在最短的距离内将装载机停住，达到避免发生事故的目的，称为紧急制动。紧急制动对装载机的机件、轮胎都会造成较大的损伤，并且往往由于左右车轮制动力矩不一致，或左右车轮与路面的附着力有差异，会造成装载机“跑偏”“侧滑”，失去方向控制。因此，紧急制动只有在不得已的情况下才可使用。其操作方法是握稳方向盘，迅速放松油门踏板，用力踏下制动踏板，同时拉紧手制动操纵杆，充分发挥制动器的最大制动力，使装载机立即停驶。

装载机使用紧急制动时，车轮要抱死，这时常出现后轮侧滑，引起装载机剧烈回转振动，严重时可使装载机调头，特别是在附着力差的路面上(如冰雪、泥泞路面等)更为常见和明显。为了预防和减轻后轮侧滑，可采用以下措施：

①采用“间隔制动”的操作方法，使车轮尽可能不抱死或少抱死。其具体操作方法是左脚用最大的力踏下制动踏板，力求在短时间内制动抱死车轮；开始抱死的瞬间，再立即减弱作用在踏板上的力(不完全放松制动踏板)，以防止车轮抱死或侧滑；然后用力踏制动踏板，力求短时间内抱死车轮，再减弱作用在踏板上的力。如此反复操作，可使装载机获得较好的制动效果，并能减少侧滑。

②当发现侧滑时，应立即停止制动；并把方向盘朝车轮侧滑方向转动；当装载机位置调正后，再平稳地将方向盘转到正常行驶位置。

2.2.5　停车

①放松油门踏板，使装载机减速。

②根据停车距离踏动制动踏板，使装载机停在指定地点。

③将变速杆置于空挡。

④将手制动器操纵杆拉到制动位置。

⑤降动臂，使铲斗置于地面。

2.2.6　倒车

倒车需在装载机完全停驶后进行，倒车时的起步、转向和制动的操作方法与前进时相同。

(1)驾驶姿势

倒车时及时观察机后的情况，可用以下两种姿势：

1)从后窗注视倒车

左手握方向盘上缘控制方向，上身向右侧转，下身微斜，右臂依托在靠背上端，头转向后，两眼注视后方目标。

2)注视后视镜倒车

这是一种间接看目标的方法，即从后视镜内观察车尾与目标的距离来确定方向盘转动多少。一般在后视观察不便时采用。

(2)目标选择

从后窗注视倒车，可选择车库门、场地和停车位置附近的建筑物或树木为目标，看车尾中央或两角，进行后倒。

(3)操作要领

倒车时，应首先观察周围的地形、车辆、行人，必要时下车查看，发出倒车信号，鸣喇叭以警告行人；然后挂入倒挡，用前进起步的方法进行后倒。倒车时，车速不要过快，要稳住踏板，不可忽快忽慢，防止熄火或倒车过猛造成事故。

倒车转弯时，欲使车尾向左转弯，方向盘也向左转动；反之，向右转动。弯急多转、快转，弯缓少转、慢转。要掌握“慢行驶，快转向”的操作要领。由于倒车转弯时，外侧前轮轨迹的行驶半径大于后轮，因此在照顾方向的前提下，还要特别注意前外车轮以及工作装置是否碰刮其他物体或障碍物。

实操任务单

编号:ZS-02-02

系别:______________ 专业:______________ 班级:______________

学习情境名称:装载机驾驶操作(起步、变速、转向、停车)

能力目标	1. 学习后要知道基本维护内容 2. 学习后要知道日常操作中的注意事项 3. 学习后要知道怎么样检查操作规程中存在的问题 4. 徐工 ZL50 装载机日常维护操作注意事项
准备	徐工 ZL50 装载机 1 台,装载机操作手册,熟悉操作流程
内容	根据以下 4 个内容回答问题: 1. 装载机上车前后安全注意事项 2. 发动机启动前后安全注意事项 3. 装载机安全操作常识 4. 装载机作业时安全注意事项 问题: 1. 装载机上车前应该检查的内容有哪些 2. 发动机启动前后如何判断问题 3. 装载机如何起步 4. 如何确定装载机停车作业环境中的隐患 5. 如何检查装载机作业中的常见问题 6. 简述装载机操作中倒车的动作要领
评分标准	每题 10 分
评价: 1. 自评 2. 互评 3. 教师评价 考核结果(等级): 教师:________ 年　月　日	

2.3　装载机施工作业

2.3.1　铲、装、运、卸综合训练

铲装作业时，以Ⅰ挡向料堆前进，根据场地和料堆情况在距离取料堆一定的距离降动臂并转斗，使铲斗斗底与地面平行接触。保持最佳连动状态取料。

取料时徐徐加大油门使铲斗全力切进料堆，同时根据料堆情况将动臂操纵杆和转斗操纵杆配合操作，间断拉动上升位置配合油门大小，直到装满为止。

当斗装满后，把动臂升到需要高度，然后将工作装置操纵杆置于中间位置。

装载机散料装卸的过程：在距物料堆 1～1.5 m 处停车，换挂Ⅰ挡后放下铲斗；然后再向前行驶，使铲斗插入料堆，待插入料堆一定深度后转斗、提升动臂至运输位置；后退驶往卸料点，根据料场或运输车辆高度，再适当提升动臂，卸下物料，再返回装料点进行下一个作业循环。

实际作业时，熟练的司机在卸完料、驶向料堆的过程中就放斗、变速；铲斗插入料堆一定深度后即转斗、提臂，使铲斗装满，后退调头，在驶往卸料地点的过程中提臂至卸料位置，并把物料卸入运输工具或料场。上述动作都是连续进行的。

运料作业是指铲斗装满后，需运到较远的地方卸料。运送行走速度根据运输距离和地面条件来决定。为了安全稳定作业，并有良好视线，应将铲斗转至上极限位置，并保持动臂下铰点距地 40～50 cm。

卸载作业时，往装载机或货场倾卸物料时，应将动臂提升到铲斗前翻碰不到车厢或货堆为止，前推铲斗操纵杆使铲斗前倾卸载，通过铲斗操纵杆的控制可全部或部分卸载，卸装时要求动作缓和，以减轻物料对装载机的冲击。

当物料黏积铲斗时，可来回扳动铲斗操纵杆，使铲斗敲击动臂让物料受振后脱落，不可猛烈来回翻动铲斗敲击，冲击工作液压系统管路及密封件。

装载机铲土、挖掘作业时应注意以下事项：

①装载机铲土、挖掘作业进行铲挖或挖掘作业时，应使装载机车身正面朝前，不要使其处于转向位置。

注意：轮胎的滑动将降低轮胎的使用寿命，因此作业时应避免轮胎滑动。

②装载机装载土壤或碎石时，为防止因轮胎打滑引起的对轮胎的切割，应注意保持工作场地平坦，并清除落石。

③装载松散物料时，以Ⅰ挡或Ⅱ挡作业。装载比重较大的物料时，以Ⅰ挡作业，驱动并降低铲斗，将铲斗停放离地 30 cm 的地方，然后缓慢落下。

④如果铲斗撞击地面，前轮将离地，引起轮胎滑动，接近物料前换挡，换挡后踩下油门踏板，并将铲斗插入物料，如所铲为松散物料，放平铲斗；如所铲物料为碎石，稍微下翻铲斗。

注意：斗下不要有碎石，以免引起前轮离地、打滑。

⑤尽量使载荷保持在铲斗中心，如载荷在铲斗一侧，将失去平衡。

⑥将铲斗插入物料的同时，举升动臂，防止铲斗插入太深。举升动臂时，前轮将产生足够的牵引力。

⑦检查是否已铲入足够的物料，操纵控制杆、收斗，以便装满铲斗，下压铲斗铲挖作业时，前轮将离地，引起轮胎打滑。

⑧如装入物料太多，快速收斗、翻斗，以抖落多余载荷。这样可避免在运送物料时散落。

⑨在平地上铲挖并装载时，使斗刃稍微向下，并前驱装载机。注意避免载荷倾向铲斗一侧，引起不平衡。该项操作应在Ⅰ挡状态下进行。

⑩将斗刃稍微朝下，前驱装载机，并前推动臂操纵杆。挖掘土壤时，每次切入一薄层。

⑪轻轻地上下操纵动臂控制杆，以减轻装载机向前行驶的阻力。用铲斗进行铲挖作业时，避免将铲挖力都用在铲斗一侧。

2.3.2 装载机推运料作业

推运作业时（见图2.1），铲斗平贴地面，踩油门向前推进。推进中，发现阻碍车前进或负荷过重时，可稍提升动臂继续前进。操纵动臂升降时，操纵杆应在零位或下降和上升之间进行，不可扳到上升或下降任一固定位置，以保证推运作业的顺利进行。

图2.1 装载机推运作业

在往悬崖边推运物料时，应注意制动和油门的控制，距离边缘保持一定距离，以防发生事故。

装载机的结构尺寸如图2.2所示。

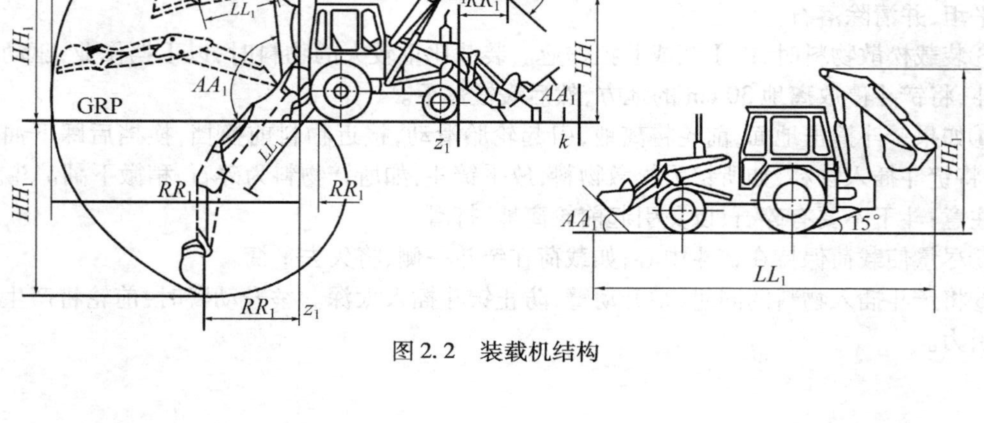

图2.2 装载机结构

2.3.3　装载机场地平整作业

如图 2.3、图 2.4 所示，平整场地前应先做好各项准备工作，如清除场地内所有地上、地下障碍物；排除地面积水；铺筑临时道路，等等。

图 2.3　装载机平整作业（一）

图 2.4　装载机平整作业（二）

选择场地设计标高的原则如下：

①在满足总平面设计的要求，并与场外工程设施的标高相协调的前提下，考虑挖填平衡，以挖作填。

②如挖方少于填方，则要考虑土方的来源；如挖方多于填方，则要考虑弃土堆场。

③场地设计标高要高出区域最高洪水位，在严寒地区，场地的最高地下水位应在土壤冻结深度以下。

刮平作业时，铲斗翻转到底使刀刃板触及地面，对硬质路面，动臂操纵杆应放在浮动位置，对软质路面则应放在中间位置，接通后退挡用铲刀刃板刮平地面。

2.3.4 装载机与自卸车配合作业

装载机进行施工作业时需要与自卸车互相配合，故在施工中装载机的移动、卸料以及与车辆位置的配合好坏都对作业效率有很大影响，因此必须合理地组织施工。一般的组织原则是根据堆场的大小和料堆的情况，尽可能地使来回行驶距离短、转弯次数少。

(1)常用的作业方法

1)V 形作业法

V 形作业法是指自卸车与工作面之间成 50°~55°的角度，而装载机的工作过程则根据本身结构和形式而有所不同。对于履带式装载机和刚性车架后轮转向的轮胎式装载机，作业时装载机装满铲斗后，在倒车驶离工作面的过程中调头 50°~55°，使装载机垂直于自卸车，然后驶向自卸车卸载(见图 2.5)；卸载后，装载机倒车离开自卸车，再调头驶向料堆，进行下一个作业循环。对于铰接车架的轮胎式装载机，装载机装满铲斗后，可直线倒车后退 3~5 m，然后使前车架转动 50°~55°，再驶向自卸车进行卸载。V 形作业法，工作循环时间短，作业效率高，在许多场合得到广泛的应用。

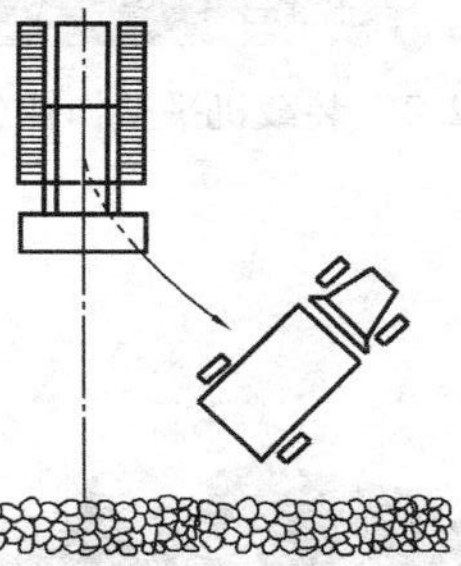

图 2.5 装载机 V 形作业法示意图

2)I 形作业法

自卸车平行于工作面并适时地前进和倒退，而装载机则垂直于工作面穿梭地进行前进和后退，故也称为穿梭作业法(见图 2.6)。即作业时装载机装满铲斗后进行直线后退，在装载机后退一定距离并将铲斗举升到卸载位置的过程中，自卸车后退到与装载机相垂直的位置，然后装载机向自卸车卸载；卸载后，自卸车向前行驶一段距离，以保证装载机可自由地驶向工作面以进行下一个作业循环，直到自卸车装满为止。这种作业方式可省去装载机的调头时间，对于不易转向的履带式和整体车架式装载机而言是比较有利的。但由于自卸车要频繁地前进和后退，两机器间容易相互干扰，增加了装载机的作业循环时间。因此，采用这种作业方法，装载机和自卸车的驾驶员必须有熟练的驾驶技术。

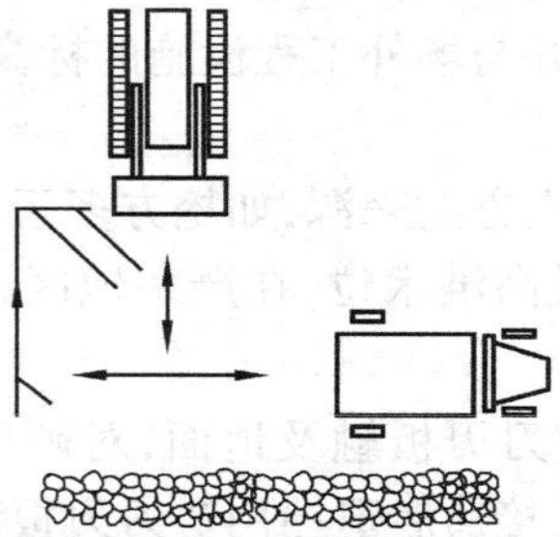

图 2.6 装载机 I 形作业法示意图

3)L 形作业法

L 形作业法是指自卸车垂直于工作面,装载机铲装物料后倒车并调转 90°,然后驶向自卸车卸载;卸载后倒车并调转 90°驶向料堆,进行下一次铲装作业(见图 2.7)。在运距小、作业场地比较宽阔的情况下,采用这种方法作业,装载机可同时与两台自卸车配合作业。

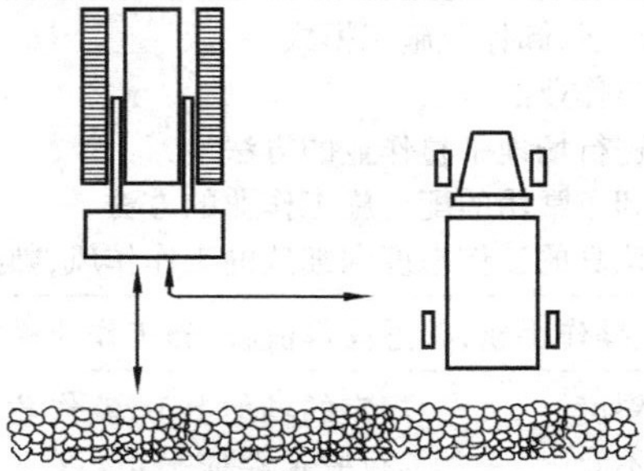

图 2.7　装载机 L 形作业法示意图

4)T 形作业法

T 形作业法是指自卸车平行于工作面,但距离工作面较远,装载机在铲装物料后倒车并调转 90°,然后再反方向调转 90°驶向自卸车卸料(见图 2.8)。

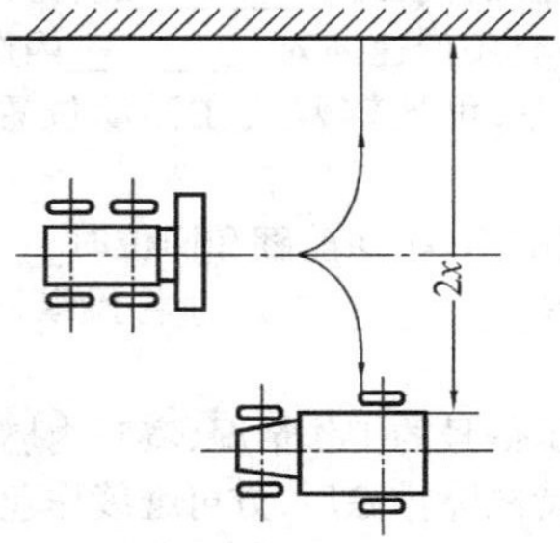

图 2.8　装载机 T 形作业法示意图

以上 4 种作业方法各有其优缺点,施工中具体选用哪种方法,必须对具体问题进行具体分析,从中选取最经济有效的施工方法。

(2)装载机与自卸车的合理组织

①装载机与自卸车的工作能力要相互匹配,自卸车车厢的容量应为装载机斗容量的整数倍,以免导致不足 1 斗也要装一次车,造成时间和动力的浪费。

②装载机装满自卸车所需的斗数,一般以 2 ~5 斗为宜。斗数过多,自卸车等待的时间过长;斗数过少,装载机在卸料时对自卸车车厢的冲击荷载过大,易损坏车辆,物料也易溢出车厢。

③装载机的卸载高度和卸载距离须满足物料能卸到自卸车车厢中心的要求。

实操任务单

编号:ZS-02-03

系别:________ 专业:________ 班级:________

学习情境名称:装载机施工作业

能力目标	1. 熟悉装载机铲、装、运、卸作业施工模式 2. 熟悉装载机推运料作业的方法 3. 熟悉使用装载机进行场地平整作业的方法 4. 了解装载机与自卸车常用的配合施工作业的方法 5. 进一步培养学生认真的工作态度和细致的工作作风,熟悉操作流程
准备	装载机 1 台,装载机操作手册,熟悉操作流程、施工作业模式
内容	1. 装载机不得在倾斜度________规定的场地上工作,作业区内不得有________ 2. 装载机运送距离不宜________,行驶道路应平坦。在石方施工场地作业时,轮式装载机应在轮胎上加装________或用________ 3. 作业前,检查液压系统应无________,液压油箱油量应充足,轮胎气压应符合规定,制动器灵敏可靠 4. 作业中安全注意事项;起步前,应先鸣笛示意,将铲斗提升离地面________左右。作业时,应使用低速挡,用高速挡行驶时,________进行升降和翻转铲斗动作,严禁铲斗载人 5. 装堆积的沙土时,铲斗宜用低速插入,________内燃机转速向前推进 6. 在松散不平的场地作业,可把铲臂放在浮动位置,使铲斗平衡地推进,如推进时阻力________,可稍稍提升铲臂 7. 装料时,铲斗应从正面插入,铲斗前翻和回位时________碰撞车厢 8. 铲臂向上或向下动作到________时,应速将操纵杆回到空挡位置,防止在安全阀作用下发出噪声和引起故障 9. 经常注意各仪表和指示信号的工作情况,察听内燃机及其他各部的运转声音,发现异常,应________停车检查。待故障排除后,方可继续作业 10. 作业后应将铲斗________在地面上,将操纵杆放在________位置,拉紧手动制动器
评分标准	每项 10 分

评价:

1. 自评

2. 互评

3. 教师评价

考核结果(等级):

教师:________

年　　月　　日

2.4 装载机的长期存放

装载机长期存放,必须做到以下7点:

①应停放在干燥的室内。不得已停在室外者,应选平坦的地面并铺上木板。停放后用罩布盖好。

②长期存放前,须对机械进行保养、修复损坏机件,并对其进行彻底清理,保持技术状态良好。

③在停机场的排列和布置,应保证任何一台机械的进出均不受其他机械的影响。

④应将机械的燃油控制杆置于怠速位置,各操纵杆置于空挡位置。

⑤发动机的保管:

a. 放掉发动机内的冷却水。

b. 更换发动机油。新机油通常呈中性,不会腐蚀发动机的金属机件。

c. 燃油箱加满柴油,避免燃油箱生锈。如条件允许还应加入防腐剂。

d. 在停机期间应每月启动一次发动机,使机械作短距离行驶,使各零件润滑处建立新的油膜,防止生锈。

应注意,在启动前应注满冷却水,结束时应放尽冷却水。

⑥蓄电池的保管:

a. 应拆下蓄电池,将蓄电池放置在干燥和防冻处。要保持其表面的清洁干燥,严禁在蓄电池上放置导电物体。拆蓄电池时,首先要切断负极线,然后再切断正极线;安装时要先连接正极线,再连接负极线。

b. 铅酸蓄电池应每月充电一次。

⑦防锈处理:

a. 存放前,应视外表面防锈漆漆皮脱落面积的大小来确定是用补漆的办法还是用整机重新喷漆的方法进行修补。

b. 装载机的工作装置,如装载机的铲斗,对其金属裸露处的防锈方法是涂抹黄油。

装载机存放与检修必须填写装载机存放检修记录表,具体见表2.2。

表2.2 装载机存放检修记录表

机械标号: **存放日期:**

检修内容	检修人	执行情况
停放在干燥的室内。不得已停在室外者,应选平坦的地面并铺上木板。停放后用罩布盖好		
在停机场的排列和布置,应保证任何一台机械的进出均不受其他机械的影响		
应将机械的燃油控制杆置于怠速位置,各操纵杆置于空挡位置		

续表

检修内容	检修人	执行情况
放掉发动机内的冷却水		
更换发动机油		
燃油箱加满柴油以及防腐剂		
拆下蓄电池,将蓄电池放置在干燥和防冻处		
存放前,应视油漆损坏情况进行补漆		
工程机械的工作装置金属裸露处涂黄油		
在停机期间应每月启动一次发动机,使机械作短距离行驶		
铅酸蓄电池应每月充电一次		

实操任务单

编号:ZL-02-04

系别:________ 专业:________ 班级:________

学习情境名称:装载机的长期存放

能力目标	1. 熟悉工程机械长期存放的各类注意事项 2. 学会工程机械存放前的各类保养与检修 3. 熟悉定期维护与检查 4. 学会处理各类存放过程中可能出现的问题
准备	各类可能使用到的工具,润滑脂,黄油,油漆等
内容	按照装载机存放检修表进行存放和检修操作
评分标准	每题 10 分

评价:

1. 自评

2. 互评

3. 教师评价

考核结果(等级):

教师:________

年　月　日

第3章 装载机维护保养

3.1 装载机维护保养及周期

轮式装载机种类很多,工作条件各不相同,因此各级维护周期也不尽相同。现以 ZL30 轮式装载机的维护周期为例,介绍装载机的维护周期和作业内容。载机的维护分为以下 6 级:

第 1 级:日(8 ~10 h)维护。

第 2 级:周(50 h)维护。

第 3 级:月(200 h)维护。

第 4 级:季(600 h)维护。

第 5 级:半年(1 200 h)维护。

第 6 级:年(2 400 h)维护。

根据装载机作业时间的长短、作业环境以及装载机实际技术状况,还可对 6 级维护周期作适当调整。

3.1.1 日维护

由驾驶员自行完成,每日开车前和收车后进行。其作业内容如下:

①检查发动机机油面,低于油标尺刻线应加油,如高于油尺刻线,应找出油增多(被稀释)原因。

②检查燃油箱油面。

③检查发动机、变矩器、液压泵及转向器的紧固、密封情况,以及是否有过热现象。

④检查有无漏油、漏水、漏气、漏液、漏电等情况。

⑤检查传动轴及万向节、各铰销等处的螺栓有无松动或缺损现象。

⑥保持车容、车貌清洁,无油污、泥土、杂物等。

⑦检查整机各处有无异响、抖振等不正常现象。

3.1.2　周维护

由专业维修人员每周进行一次，除完成每日维护内容外，还要完成以下作业内容：

①按规定的部位和规定的油(脂)的牌号加油。

②清洗机油粗滤器、燃油粗滤器和空滤器滤芯。

③检查并调整风扇、发电机传动皮带的松紧程度。

④检查并添加喷油泵体内机油。

⑤检查蓄电池电解液面和密度，电解液面在极板上 10 ~ 15 mm 处，不足应加蒸馏水。

⑥检查并调整各踏板自由行程。

⑦检查油门、驻车制动、变速器等操纵杆系有无卡滞、不灵活等现象。

3.1.3　月维护

由专业维修人员每月进行一次，除完成日、周维护作业内容外，还要完成以下作业内容：

①清洗机油细滤器和燃油细滤器滤芯。

②检查轮胎气压及磨损情况，轮胎气压为 0.27 ~ 0.39 MPa(2.8 ~ 3.0 kgf/cm^2)，松软地面上作业时取下限。

③检查车架、工作装置等受力较大部位的焊缝是否脱焊、有无裂开现象。

3.1.4　季维护

由专业维修人员每季进行一次，除完成日、周、月维护内容外，还要完成以下作业内容：

①清洗发动机冷却系。

②给发电机、启动电机注润滑脂，并检查电气系统及接线柱，如有烧痕等异常应换新。

③检查并调整发动机气门间隙。

④检查并调整配气定时及喷油提前角。

⑤检查、清洗并调整喷油嘴的喷油压力、油束角及射程。

⑥检查并清洗制动总泵放气孔、主减速器、变速器、变矩器的通气孔。

⑦每年春、秋两季要对发动机机油、主减速器油、液压工作油、燃油以及润滑脂(滚动轴承及销轴)进行季节换油。

⑧给传动轴伸缩花键注润滑脂。

⑨更换发动机机油及喷油泵体内机油。

⑩检查空压机、储气筒、制动阀及其管路是否漏气。

⑪检查液压工作系统的转斗油缸、动臂油缸有无沉降现象，必要时检修油缸、活塞、分配阀，或更换密封件。

3.1.5　半年维护

由专业维修人员每半年进行一次，除完成日、周、月、季维护作业内容外，还要完成以下作业内容：

①清洗发动机机油壳、燃油箱及管路。

②清洗并按规定润滑各运动副。

③检查并更换驻车制动器的摩擦衬片。

④检查全部仪表、灯光及指示信号灯。

⑤检查并更换制动总泵密封皮碗。

3.1.6　年维护

由专业维修人员每年进行一次，除完成日、周、月、季、半年维护作业内容外，还要完成以下作业内容：

①检修发动机。

②根据装载机技术状况，对变速器、变矩器、主减速器、差速器、轮边减速器进行解体检查、修复或更换零部件。

③检查转向器及转向盘自由行程，修复或换新件。

④解体检查制动系各部件，修复或换新件。

⑤检查并修复车架、车桥、工作装置动臂、连杆、摇杆的变形、裂纹等损伤。

3.1.7　装载机维修保养说明

(1)检查发动机油面

开车前机器置于平地上检查油面。

①取出油尺并用干净的布擦净。

②将油尺从孔中完全插入，然后再取出检查油尺。

③如果油面过低，则加油并再次检查。

注意：①如果油面受污或是变稀，那么不管换油间隔如何，都要换油。

②检查油尺应在停机 15 min 以后进行。

③如机油油面位置不对，请勿启动发动机。

(2)发动机油和过滤器的更换

①预热发动机。

②拆下螺栓让油排出。

扳手尺寸：1/2″~3/8″。

注意：用一个容积 24 L(6.3U.S.gal)的盆接油。

③清洁滤清器上部，取下滤清器并清洁垫片表面。

扳手尺寸：90~95 mm(3.5~3.8 min)。

3.1.8　装载机维修保养

装载机的维护与保养见表 3.1。其主动服务传递卡见表 3.2。

表 3.1　装载机维护与保养

维护间隔	序号	项　目	维护内容	符　号	容　量	维护总数
10 h 或每天	1	柴油油位	检查、添加	DF	320(84.5)	1
	2	液压油油位	检查、添加	HO	180(4.8)	1
	4	发动机机油油位	检查、添加	EO	24(6.3)	1
	5	冷却液液位	检查、添加	C	35(9.2)	1
	6	仪表盘和指示灯	检查、清洗	—	—	1
	7	油水分离器	检查、放水	—	—	2
50 h 或每星期	3	工作装置销轴	检查、添加	PGL	—	16
	9	柴油箱滤网	检查、清洁	—	—	1
	10	履带张紧	检查、调节	PGL	0.3(0.08)	2
	12	回转齿圈黄油	检查、添加	PGL	—	3
	17	回转驱动齿轮箱	检查、添加	GO	6.2(1.06)	1
250 h	8	电瓶(电解液)	检查、添加	—	—	2
	13	液压油回油过滤器	更换	—	—	1
	21	先导油滤清器	更换	—	—	1
	22	液压油回油滤清器	更换	—	—	1
	23	透气滤芯	更换	—	—	1
500 h	4	发动机机油油位	更换	EO	24(6.3)	1
	11	发动机机油滤芯	更换	—	—	1
	14	空滤芯	清洁	—	—	2
	15	散热器与油冷却散热片	检查、清洁	—	—	1
	16	柴油滤芯	更换	—	—	2
	18	行走驱动齿轮油	检查、添加	GO	5.4(1.4)	2
1 000 h	17	回转驱动齿轮油	更换	GO	6.2(1.6)	1
	18	行走驱动齿轮油	更换	GO	5.4(1.6)	2
	20	风扇皮带张紧	检查、调节	—	—	1
	24	回转齿圈和小齿轮	更换	PGL	—	1
2 000 h	2	液压油油位	更换	HO	180(48)	1
	5	散热器冷却剂	更换	C	35(9.2)	1
	19	液压油吸油滤芯	检查、清洁	—	—	1
需要时	25	空调滤芯	检查、清洁	—	—	2

表3.2 主动服务传递卡(装载机)

服务卡编号:

顾客单位			联系人		联系电话		
施工地址					服务半径	km	
产品型号		产品编号			发动机号		
累计工作时间	小时	购机日期	年 月 日		作业对象		
到达现场时间	年 月 日 时	离开现场时间			年 月 日 时		
主动服务项目		交货	1~2个月或50~100 h	5~6个月或600~700 h	8~9个月或1 000~1 200 h	11~12个月或2 000~2 500 h	检查结果
1.目测	目测外观质量、螺栓松动、生锈、泄漏、驾驶室整洁、布线	*					
2.检查	(1)随机工具、文件、备件	*					
	(2)前轮气压: MPa,后轮气压: MPa	*	*	*	*	*	
	(3)发动机、变速箱、桥、制动、水箱等各部位液位	*	*	*	*	*	
	(4)蓄电池电释液位	*	*	*	*	*	
	(5)空气滤清器接头及各管接头松紧度	*	*	*	*	*	
	(6)工作压力: MPa、转向压力: MPa、先导压力: MPa		*	*	*	*	
	(7)行走压力:Ⅰ挡: MPa、Ⅱ挡: MPa、倒挡: MPa		*	*	*	*	
	(8)检查工作装置、结构件状况		*	*	*	*	
3.操作	(1)仪表、开关、灯、雨刮和门锁	*	*	*	*	*	
	(2)发动机、变速箱、制动等各部位压力	*	*	*	*	*	
	(3)空调(暖风机)	*	*	*	*	*	
	(4)各铰接点润滑脂加注、磨损情况检查	*	*	*	*	*	
	(5)制地(行车制动、停车制动)	*	*	*	*	*	
	(6)检查有无异常噪声、各部件有无过热现象	*	*	*	*	*	
	(7)各挡位、踏板、手柄的行程,操作是否灵活	*	*	*	*	*	
4.服务	(1)检查调整发动机皮带张紧程度	*	*	*	*	*	
	(2)更换变矩器滤清器		*	*	*	*	
	(3)更换变矩器传动油,清洗变速箱油底壳滤网		*	*	*	*	
	(4)检查液压油箱、液压油滤芯及液压油清洁度			*	*	*	
	(5)更换液压油和液压油滤芯				*	*	
	(6)更换驱动桥齿轮油(轮边)			*	*	*	
	(7)清洗柴油箱油底和柴油箱滤芯、清理空气滤芯		*	*	*	*	
	(8)更换制动液(制动液不能混装),确认制动性能		*	*	*	*	
	(9)更换柴油机机油和机油滤芯、柴油滤芯、空气滤芯	*	*	*	*	*	
	(10)清除水箱、散热器表面的污物,保证散热效果		*	*	*	*	

续表

顾客单位		联系人		联系电话			
5. 指导	(1)正确操作、安全作业	*	*	*	*	*	
	(2)启动和停止发动机的程序	*				*	
	(3)日常和定期保养维护	*	*	*	*	*	
	(4)冬季维护注意事项	*				*	
	(5)质保期及服务规定	*					
	(6)订购备件程序	*				*	
有无遗留问题		客户评价	认定一项□内打✓		顾客意见:		
满意□	较满意□	一般□	不满意□	差□			
服务人员		服务经理			顾客签章: 年 月 日		

注:1. 主动服务时必须使用徐工专用油品,否则由此产生的故障将不予保修。

2. * 是表示每次主动服务应做的项目。

3. 检查结果:✓:正常 ⊙:已纠正。

4. 在交货、使用 1 ~2 个月、5 ~6 个月、8 ~9 个月、11 ~12 个月主动服务项目栏中打"✓"注明本次主动服务。

实操任务单

编号:ZS-03-01

系别:________ 专业:________ 班级:________

学习情境名称:装载机维护保养及周期

能力目标	1. 通过对装载机运行的跟踪检查,熟悉装载机的保养周期及工作事项 2. 对应主动服务传递卡熟悉业务,针对具体周期预演流程 3. 模拟维护人员对客户讲解机械的使用方法、注意事项,为提高设备机台效益、保持良好的工作性能,定期进行维护的必要性 4. 教会客户日常保养
准备	装载机 1 台,装载机保养手册,熟悉操作流程

内容

按照主动服务传递卡熟悉业务,并进行一级保养预演,之后填写下表:

顾客服务传递卡

服务卡编号:

顾客单位		联系人		联系电话	
施工地址		报修人		联系电话	
产品型号		产品编号		发动机号	
购机日期	年 月 日	累计工作时间	小时 □保内 □保外	作业对象	
出发地点		服务里程	单程 公里	服务半径	公里
报修时间	年 月 日 时	到达现场时间	年 月 日 时		
出发时间	年 月 日 时	离开现场时间	年 月 日 时		
服务类型	认定一项打✓:□顾客服务 □改装服务 □服务买断服务 □外配套服务 □走访服务				

故障现象及原因分析		故障现象代码
排除故障措施和预防措施		排除措施代码

换件记录(三包换件填写)

序号	备件物料代码	备件名称	数量	故障件		新件		故障起因件打"✓"
				厂家代码	编号	厂家代码	编号	

例行检查			请顾客确认项目已实施完毕后进行填写				
发动机机油压力/MPa	□发动机机油油位	□操纵机构调整	顾客评价		认定一项打"✓"		
变速箱挡位压力/MPa	□变速箱油位	□检查三滤	满意	较满意	一般	不满意	差
变矩器油温/℃	□制动液油位	□传动轴、轮辋螺栓					
工作系统压力/MPa	□水箱水位	□关节、铰接润滑	有无遗留问题				
转向系统压力/MPa	□储气筒放水	□变速箱油底、滤网	顾家意见				
动臂提升速度/s	□清除散热器污物	□振动轮磁铁螺塞					
行车制动气压/MPa	□制动性能	□振动轮透气塞检查					
服务人员			顾客签名(盖章):				
服务经理			年 月 日				

第一联 服务部

续表

评分标准	总分 100 分
评价： 1. 自评 2. 互评 3. 教师评价 考核结果(等级)： 教师：________ 年　月　日	

3.2　油品牌号与选用

3.2.1　柴油牌号的分类

目前大多数柴油机使用的燃油种类主要有 3 种：轻柴油、重柴油和重油(低质燃料油)。

从原油中蒸馏出来的顺序：最先的是汽油，其次是煤油，再次是柴油和重油。

装载机一般使用轻柴油，是密度相对较轻的一类柴油。通常指 200 ~ 350 ℃馏分。一般由天然石油的直馏柴油与二次加工柴油掺和而得到。有时也掺入一部分裂化产物。与重柴油相比，质量要求较严，十六烷值较高，黏度较小，凝固点和含硫量较低。

轻柴油适用于转速在 1 000 n/min 以上的高速柴油机，是广泛用于柴油装载机、拖拉机以及配用于船舶、矿山、发电、钻井等设备的高速柴油发动机燃料。

同车用汽油一样，柴油也有不同的牌号，柴油的依据是凝固点划分，主要有 6 种，见表 3.3。

表 3.3　柴油牌号

牌　号	使用温度/℃	备　注
10#柴油	国内不经常使用	选用柴油的牌号如果低于上述温度，发动机中的燃油系统就可能结蜡，堵塞油路，影响发动机的正常工作
0#柴油	4 以上	
-10#柴油	-5 ~ 4	
-20#柴油	-14 ~ -5	
-35#柴油	-29 ~ -14	
-50#柴油	-44 ~ -29	

(1) 柴油牌号的选择

应保证其使用的最低气温高于柴油冷凝点为原则，柴油的凝点应比当地的最低气温低 4～6 ℃。

①10#柴油适用于有预热设备的高速柴油机。

② 5#柴油适用于月风险率为 10% 的最低气温在 8 ℃以上的地区。

③ 0#柴油适用于月风险率为 10% 的最低气温在 4 ℃以上的地区。

④ －10#柴油适用于月风险率为 10% 的最低气温在 －5 ℃以上的地区。

⑤ －20#柴油适用于月风险率为 10% 的最低气温在 －14 ～ －5 ℃的地区。

⑥ －35#柴油适用于月风险率为 10% 的最低气温在 －29 ～ －14 ℃的地区。

⑦ －50#柴油适用于月风险率为 10% 的最低气温在 －44 ～ －29 ℃的地区。

月风险率为 10% 的最低气温值：表示该月中最低气温低于该值的概率为 0.1，或者说该月中最低气温高于该值的概率为 0.9。

(2) 轻柴油使用注意事项

①不同牌号的柴油可掺兑使用，以改变其凝点。例如，某地区的最低气温为 －10 ℃，不能用 －10#的轻柴油，但是用 －20#的又浪费，此时可以把 －10#的和 －20#的轻柴油掺和使用。

②不能在柴油中掺入汽油，因为汽油的发火性能很差，掺入汽油会导致启动困难，甚至不能启动。

③在气温允许的情况下尽量选用高牌号柴油，低温启动时可以采取预热措施，对进气管、机油及蓄电池等预热有利于启动。也可采用馏分轻、蒸发性好又具有一定十六烷值的低温启动液，以保证发动机的顺利启动。低温启动液不能加入油箱与柴油混用，否则易形成气阻。

④要做好柴油净化工作。柴油机供油系是一套较精密的系统，油中杂质很容易造成系统堵塞或卡死，使用柴油前要经沉淀和过滤，沉淀时间不少于 48 h，以除去杂质。

⑤冬季使用桶装高凝点柴油时，不能用明火加热，以免引起爆炸。

3.2.2 润滑油和润滑脂的牌号的分类

(1) 设备的润滑管理

设备的润滑管理是设备技术管理的重要组成部分，也是设备维护的重要内容，搞好设备润滑工作，是保证设备正常运转、减少设备磨损、防止和减少设备事故、降低动力消耗、延长设备修理周期和使用寿命的有效措施。

1) 润滑的基本原理

把一种具有润滑性能的物质，加到设备机体摩擦副上，使摩擦副脱离直接接触，达到降低摩擦和减少磨损的手段，称为润滑。

润滑的基本原理是润滑剂能够牢固地附在机件摩擦副上，形成一层油膜，这种油膜和机件的摩擦面接合力很强，两个摩擦面被润滑剂分开，使机件间的摩擦变为润滑剂本身分子间的摩擦，从而起到减少摩擦降低磨损的作用。

设备的润滑是设备维护的重要环节。设备缺油或油变质会导致设备故障甚至破坏设备的精度和功能。搞好设备润滑，对减少故障，减少机件磨损，延长设备的使用寿命起着重要作用。

2)润滑剂的主要作用

①润滑作用

减少摩擦、降低磨损。

②冷却作用

润滑剂在循环中将摩擦热带走,降低温度防止烧伤。

③洗涤作用

从摩擦面上洗净污秽、金属粉粒等异物。

④密封作用

防止水分和其他杂物进入。

⑤防锈防蚀

使金属表面与空气隔离开,防止氧化。

⑥减振卸荷

对往复运动机件有减振、缓冲、降低噪声的作用,压力润滑系统有使设备启动时卸荷和减少启动力矩的作用。

⑦传递动力

在液压系统中,油是传递动力的介质。

3)润滑油选择的基本原则

设备说明书中有关润滑规范的规定是设备选用油品的依据。若无说明书或规定时,由设备使用单位自己选择。选择油品时应遵循以下原则:

①运动速度

速度越高越易形成油楔,可选用低黏度的润滑油来保证油膜的存在。选用黏度过高,则产生的阻抗大、发热量多,会导致温度过高。低速运转时,靠油的黏度来承载负荷,应选用黏度较高的润滑油。

②承载负荷

一般负荷越大选用润滑油的黏度越高。低速重载应考虑油品允许承载的能力。

③工作温度

温度变化大时,应选用黏度指数高的油品,高温条件下工作应选用黏度和闪点高、油性和抗氧化稳定性好,有相应添加剂的油品。低温条件下工作应选用黏度低水分少、凝固点低的耐低温油品。

④工作环境

潮湿环境及有气雾的环境应选用抗乳化性强、油性及防锈性好的油品,粉尘较大的环境应注意防尘密封。有腐蚀性气体的环境应选择抗腐蚀性能好的油品。

4)润滑工作的“五定”“三过滤”

设备润滑工作“五定”“三过滤”是把日常润滑技术管理工作规范化、标准化,保证搞好设备润滑工作的有效方法。其内容如下:

①五定

a. 定点。确定每台设备的润滑部位和润滑点,实施定点给油。

b. 定质。确定设备润滑部位所需的油的品种、牌号及质量要求,所加油质必须经过化验合格。

c. 定量。确定给油部位每次加油换油的数量,实行耗油定额管理和定量换油。

d. 定期。确定各润滑部位加换油的周期,按规定周期加油、添油和清洗换油,对储油量大的油箱,按规定在周期抽样化验,确定下次抽验和换油时间。

e. 定人。确定操作工人、维修工人、润滑工人对设备润滑部位加油、添油和清洗换油的分工,各负其责,共同完成设备的润滑。

②三过滤

a. 入库过滤。油液经运输入库储存时的过滤。

b. 发放过滤。油液发放注入润滑容器时过滤。

c. 加油过滤。油液加入储油部位时过滤。

5)设备润滑良好应具备的条件

①所有润滑装置,如油嘴、油杯、油标、油泵及系统管道齐全、清洁、好用、畅通。

②所有润滑部位、润滑点按润滑图表中的“五定”要求加油,消除缺油干磨现象。

③油绒、油毡齐全清洁,放置正确。

④油与冷却液不变质、不混杂,符合要求。

⑤滑动和转动等重要部位干净,有薄油膜层。

⑥各部位均不漏油。

(2)常用润滑油知识简介

1)润滑剂的分类

润滑剂的品种繁多,但一般按其物理状态可分为液体润滑剂、半固体润滑剂、固体润滑剂及气体润滑剂 4 大类。

根据 GB/T 498—1987 的规定,将润滑剂和有关产品归类为 L 类产品,因而润滑剂总代号为 L,即所有润滑剂代号的第一个字母均为 L。

①液体润滑剂

它包括矿物润滑油、合成润滑油、动植物油和水基液体等。

②半固体润滑剂(润滑脂)

润滑脂在常温常压下呈半流动的油膏状态,故又称固体润滑剂,是由基础润滑油和稠化剂按一定的比例稠化而成。

③固体润滑剂

固体润滑剂是以固体形态存在于摩擦界面之间起润滑作用的物质,有软金属、金属化合物、有机物和无机物。一般工业常用的固体润滑材料有二硫化钼、石墨、聚四氟乙烯等。

④气体润滑剂

与液体一样,气体也是流体,同样符合流体的物理规律。因此,在一定条件下气体也可像液体一样成为润滑剂。常用的气体润滑剂有空气、氦气、氮气、氩气等。

2)润滑油

润滑油是液体润滑剂,一般是指矿物油和合成油,尤其是矿物润滑油。

①润滑油的代号及其意义

根据 GB/T 7631. 1—1987 的规定,润滑油的代号由类别、品种及数字组成,其书写的形式为类别 + 品种 + 数字。

A. 类别

类别是指石油产品的分类,润滑剂是石油产品之一,润滑材料产品用 L 表示。

B. 品种

品种是指润滑油的分组，是按其应用场合分组，分别用相应字母代表：A—全损耗系统；C—齿轮；D—压缩机；E—内燃机；F—定子、轴承、离合器；G—导轮；H—液压系统；M—金属加工；P—风动工具；T—汽轮机；Z—蒸汽汽缸等，它是品种栏的首字母，实际上品种栏内还可能有一个或多个其他字母，以表示该品种的进一步细分种类。

C. 数字

数字代表润滑油的黏度等级，其数值相当于 40 ℃（有些则是批号，但要注明，否则是指 40 ℃）时的中间运动黏度值，单位为 mm^2/s，按 GB/T 3141—1994 规定有 2、3、5、7、10、15、22、32、46、68、100、150、220、320、460、680、1000、1 500、2 200、3 200 共 20 个等级。

例如，L——AN100，表示黏度等级为 100 mm^2/s 的全损耗系统润滑油，其在 40 ℃时运动黏度为 90 ~ 110 mm^2/s，中间类的运动黏度为 100 mm^2/s。

②润滑油的质量指标

润滑油的质量指标可分为两大类：一是油品的理化性能指标，另一类是油品的应用性能指标。下面重点介绍几个主要的理化指标。

A. 颜色

润滑油的颜色与所有物质一样，都具有相应而固定的颜色，它与基础油的精制度及所加的添加剂有关。但在使用或储存过程中则会因其氧化而变质，从而改变颜色，且变色程度与变质程度有关。如呈乳白色，则表示有水或气泡存在；颜色变深，则表示氧化变质或污染。

B. 黏度

黏度是润滑油内摩擦阻力的程度，也即内摩擦力的量度。通常将黏度分为动力黏度、运动黏度、相对黏度 3 种。

黏度是各种润滑油分类、分级、质量评定与选用及代用的主要指标。

a. 动力黏度：动力黏度是液体在一定切应力下流动时，其内摩擦力的量度。

b. 相对黏度：相对黏度是采用不同的特定黏度计所测得的条件单位表示的黏度，一般有恩氏黏度、赛氏黏度、雷氏黏度 3 种表示方法。

c. 运动黏度：运动黏度是液体在重力作用流动时，其内摩擦力的量度。它的计量单位 mm^2/s；我国将润滑油的黏度按其大小分为 20 个等级，称为黏度等级（见表 3.4）。

表 3.4　润滑油的黏度等级

ISO 黏度等级	GB/T 3141—1994	40 ℃中间点运动黏度	40 ℃运动黏度范围
2	2	2.2	1.98 ~ 2.42
3	3	3.2	2.88 ~ 3.52
5	5	4.6	4.14 ~ 5.06
7	7	6.8	6.12 ~ 7.48
10	10	10	9 ~ 11
15	15	15	13.5 ~ 16.5
22	22	22	19.8 ~ 24.2
32	32	32	28.8 ~ 35.2
46	46	46	41.4 ~ 50.6
68	68	68	61.2 ~ 74.8

续表

ISO 黏度等级	GB/T 3141—1994	40 ℃中间点运动黏度	40 ℃运动黏度范围
100	100	100	90 ~ 110
150	150	150	135 ~ 165
220	220	220	192 ~ 242
320	320	320	288 ~ 352
460	460	460	414 ~ 506
680	680	680	612 ~ 748
1 000	1 000	1 000	900 ~ 1 100
1 500	1 500	1 500	1 350 ~ 1 650
2 200	2 200	2 200	1 980 ~ 2 420
3 200	3 200	3 200	2 880 ~ 3 520

黏度是润滑油重要质量指标,黏度过小,会形成半液体润滑或边界润滑,从而加速摩擦副磨损,且也易漏油;黏度过大,流动性差,渗透性与散热性差,内摩擦阻力大,启动困难,消耗功率大。因此,合理选择黏度是摩擦副充分润滑的保证。

C. 黏温特性

润滑油的特性随温度变化的特性称黏温特性。

目前多用黏度指数Ⅵ表示黏温特性的好坏。一般油的Ⅵ值越大,表示它的黏度值随温度变化越大,因而越适合用于温度多变或变化范围广的场合,该油品的黏温特性越好(见表3.5)。Ⅵ =0 的油用0Ⅵ表示,Ⅵ =100 的油用100Ⅵ表示。黏度指数是一经验值,它是用黏度性能好(黏度指数定为100)和黏度性能较差(黏度指数定为0)的两种润滑油为标准油,以40 ℃和100 ℃的黏度为基准进行比较而得出的。

表3.5 黏度指数的分类

分 级	黏度指数范围
低黏度指数	<35
中黏度指数	35 ~ 80
高黏度指数	80 ~ 110
更高黏度指数	>110

D. 凝点和倾点:

a. 凝点。凝点是指润滑油在规定的冷却条件下停止流动的最高温度。

b. 倾点。倾点是指润滑油在规定的条件下冷却到仍能继续流动的最低温度。

凝点和倾点均表示润滑油的低温性能,但倾点能更好地反映油品的低温流动性,实际使用时比凝点好,故目前国际上主要是用倾点来表示润滑油的低温性能。倾点比凝点高3 ℃左右,一般润滑油的工作温度比倾点高3 ~4 ℃。

E. 闪点

闪点是指在规定的条件下，将润滑油加热，蒸发出的油蒸气与空气混合，达到一定浓度与火焰接触时产生短暂闪火时的最低温度。

F. 酸值

酸值是指中和 1 g 润滑油中所含的有机酸所需氧化钾的质量，单位 mgKoH/g。酸值对新油和旧油有不同的含义。对于新油，酸值表示油品精制度；对于旧油，酸值则表示使用过程中润滑油氧化变质的程度，酸值过大，表示氧化变质严重。

G. 水分

水分是指润滑油中含水量的质量百分数。由于水分的存在，当温度降到 0 ℃以下时会使黏温特性变差，当温度升高时，水会汽化，产生气泡破坏油膜，使油品乳化，导致黏度降低，润滑效果变差等。

H. 机械杂质

所有悬浮和沉淀于润滑油中的固体杂质统称机械杂质，机械杂质的存在会破坏润滑油膜，加速摩擦副的磨损。

I. 残炭

残炭是指润滑油在通入空气的情况下加热，进行汽化和分解，最后生成焦炭状的残留物，以占油量的百分比表示。

③常用润滑油

A. 全损耗系统润滑油

全损耗系统润滑油主要是指 L 类润滑剂中的 A 组用油。

L-AN 油由精制矿物制成，是目前常用的全损耗系统用油，在国家旧标准中称为机油或机械油，其黏度等级从 L-AN5 至 L-AN150 共 10 个等级(见表 3.6)。40 ℃时运动黏度为 4.41 ~ 165 mm^2/s，倾点不高于 −5℃，闪点不高于 80 ~ 180 ℃，主要用于轻载、普通机械的全损耗润滑系统或换油周期较短的油浸式润滑系统，不适用于循环润滑系统。

表 3.6　全损耗系统用油(L-AN 油)与旧国家标准的机油、机械油牌号对照表

标准号	GB/T 7631.13—1995	GB 443—1989	旧标准
名称	全损耗系统用油	机械油	机油
代号(按黏度等级分)	L-AN5	N5	4#、5#
	L-AN7	N7	5#、6#
	L-AN10	N10	7#、10#
	L-AN15	N15	10#
	L-AN22	N22	15#
	L-AN32	N32	20#
	L-AN46	N46	30#
	L-AN68	N68	40#
	L-AN100	N100	60#、70#
	L-AN150	N150	80#、90#

B. 齿轮油

齿轮油是L类润滑剂C组用油,用于润滑齿轮传动装置包括涡轮蜗杆副的润滑油称为齿轮油。其应具备的性能是适当的黏度,即好的热安定性与氧化稳定性;良好的极压抗磨性,抗乳化性,剪切安定性与防锈防腐性。这种润滑油一般在精制矿物油或合成油的基础上加入相应的添加剂制成。

齿轮油分为工业闭式齿轮油、工业开式齿轮油、车辆齿轮油3大类。

工业闭式齿轮油分为L-CKB、L-CKC、L-CKD、L-CKE、L-CKS、L-CKT、L-CKG这7个等级。

工业开式齿轮油分为L-CKH、L-CKJ、L-CKL、L-CKM这4个等级。

a. L-CKB油。适用于齿轮接触压力小于500 MPa,齿轮滑动速度小于1/3齿轮分度圆速度的轻载荷或普通载荷工业齿轮副的润滑。目前的牌号有L-CKB100、L-CKB150、L-CKB220、L-CKB3204这4个等级。

b. L-CKC油。适用于工作温度-16~100 ℃的中、低载荷,无冲击载荷工业齿轮副的润滑。如工作温度达到100~120 ℃,则只适用于中等载荷工业齿轮副的润滑,目前的牌号有L-CKC68、L-CKC100、L-CKC150、L-CKC220、L-CKC320、L-CKC460、L-CKC680这7个等级。

c. L-CKD油。适用于工作温度100~120 ℃,接触压力大于500 MPa的重载荷甚至有冲击载荷的工业齿轮副的润滑,目前的牌号有L-CKD100、L-CKD150、L-CKD220、L-CKD320、L-CKD460、L-CKD680这6个等级。

d. L-CKE油。适用于涡轮蜗杆传动装置类滑动速度大、效率低的传动摩擦副的润滑,L-CKE油又称涡轮蜗杆油,目前的牌号有L-CKE220、L-CKE320、L-CKE460、L-CKE680、L-CKE1 000这5个等级。

e. L-CKS油。适用于更低的、低的、更高的恒液体温度和轻负荷下运行的齿轮副的润滑。

f. L-CKT油。适用于更低的、低的、更高的恒液体温度和中负荷下运行的齿轮副的润滑。

g. L-CKG油。适用于在轻负荷连续工作飞溅润滑的齿轮副的润滑。

C. 压缩机油

压缩机油是L类润滑剂的D组用油,它是一种专用油,用于润滑压缩机内部摩擦机件。它包括空气压缩机油、气体压缩机油、冷冻机油和真空泵油等,分别用于不同工况压缩机。第2个字母表示:"A"—空气;"G"—气体;"R"—冷冻;"V"—真空。现行国家标准分为32、46、68、100、150这5个等级。

《空气压缩机油》(GB/T 7631.9—1997)共有L-DAA、L-DAB、L-DAC、L-DAG、L-DAH、L-DAJ这6个品种。

a. L-DAA压缩机油。属于低档压缩机油,适用于往复式排气压力小于1 MPa的压缩机润滑。

b. L-DAB压缩机油。属于中档润滑油,适用于中、高压和多级往复式压缩机的润滑,现行国家标准分为32、46、68、100、150这5个等级。

c. L-DAC压缩机油。该油倾点低于40 ℃,适用于重负荷往复式压缩机的润滑。

d. L-DAG回转式压缩机油。适用于喷油螺杆式滑片压缩机,排气温度<90 ℃,排气压力<0.8 MPa,轻载回转式压缩机的润滑。现行国家标准分为15、22、32、46、68、100这6个等级。

e. L-DAH 回转式(螺杆)空气压缩机油。适用于中、低负荷螺杆式空压机的润滑，排气温度小于 100 ℃，排气压力 0.8 ~ 1.5 MPa。现行国家标准分为 32、32 A、46、46 A 这 4 个牌号，其中 32 A、46 A 为抗磨型回转式(螺杆)空压机油。

f. L-DAJ 回转式(螺杆)空气压缩机油。适用于排气温度≥100 ℃，排气压力 0.8 ~ 1.5 MPa 的重载荷回转式空压机。

《气体压缩机油》(GB/T 7631.9—1997)共有 L-DGA、L-DGB、L-DGC、L-DGD、L-DGE 这 5 个品种。

a. L-DGA 属深度精制油。适用于大于 10^4 kPa 压力下的氮、氢、氩、二氧化碳，任何压力下的氦、二氧化硫、硫化氢，小于 10^3 kPa 压力下的一氧化物压缩机润滑。

b. L-DGB 特定矿物油。适用于 L-DGA 油的气体压缩机润滑，但含有湿气和冷凝物。

c. L-DGC 常用合成液。适用于任何压力下的烃类，大于 10^4 kPa 压力下的氨、二氧化碳压缩机润滑。

d. L-DGD 常用合成液。适用于任何压力下的氯化氢、氯、氧和富氧空气，大于 10^3 kPa 压力下的一氧化碳压缩机润滑。

e. L-DGE 常用合成油。适用于大于 10^4 kPa 压力下的氮、氢、氩压缩机润滑。

D. 真空泵油

真空泵油有较高的闪点与黏度指数，极低的蒸汽压，良好的抗氧化安定性，适用于容积式真空泵的润滑与密封，也适用于罗茨真空泵的齿轮系统润滑。根据真空泵抽真空的程度与气体腐蚀情况有 L-DVA、L-DVB、L-DVC、L-DVD、L-DVE、L-DVF 这 6 个品种供选用。其中，L-DVA适用于低真空、无腐蚀性气体的真空泵；L-DVB 适用于低真空、有腐蚀性气体的真空泵；L-DVC 适用于中真空、无腐蚀气体的真空泵；L-DVD 适用于中真空、有腐蚀性气体的真空泵；L-DVE 适用于高真空、无腐蚀性气体的真空泵，L-DVF 适用于高真空、有腐蚀性气体的真空泵。

E. 液压油

液压油是 L 类润滑剂的 H 组用油，用作流体静压系统(液压传动系统)中的工作介质称为液压油，而用作流体动压系统(液力传动系统)中的工作介质称为液力传动油，通常把两者统称为液压油。黏度等级有 10、15、22、32、46、68、100、150 这 8 个黏度等级；液压系统所用油分为 L-HH、L-HL、L-HM 等 17 个品种，把液力系统用油分为 L-HA、L-HN 两个品种。

a. L-HL 液压油。适用于一般机床的主轴箱，液压站和齿轮箱或类似的机械设备中，低压液压系统的润滑(2.5 MPa 以下为低压，2.5 ~ 8.0 MPa 为中压)。

b. L-HM 液压油(抗容液压油)。L-HM 液压油较 L-HL 有突出的抗容性。L-HM 液压油适用于压力大于 10 MPa 的高压、超高压的叶片泵柱塞泵。L-HM 液压油分为 15、22、32、46、68、100、150 这 7 个牌号。

F. 轴承油

轴承油是润滑剂 L 类 F 组用油，主要适用于精密机床主轴承及其他的循环、油浴、油污润滑的高速滑动轴承、精密滚动轴承的润滑，也可作普通轴承的润滑油，还可作液压系统用油。

在 SH/T 0017—1989 轴承油行业标准中，除 L-FD 型轴承油外，还有 L-FC 型轴承油，属于抗氧化防锈型轴承油，L-FC 轴承油共有 2、3、5、7、10、15、22、32、46、68、100 这 11 个品种牌号。它们适用于轴承、锭子、齿轮、离合器、液压系统和汽轮机等工业机械的润滑。

3)润滑脂

润滑脂习惯上称黄油或干油，它是一种凝胶状润滑材料，是介于液体和固体之间的半固体润滑剂。润滑脂是由基础油液、稠化剂和添加剂在高温下合成的，润滑脂也可以说是稠化了的润滑油。

①润滑脂的代号及其意义

润滑脂的代号有 1990 年前的旧国家标准，也有 1990 年后的新国家标准，目前新旧国家标准并用，但商品油多以旧国家标准供应。

a. GB/T 7631.8—1990 标准将润滑脂作 L 类润滑剂的 X 组润滑剂，适用于润滑各种设备机械部件、车辆等。本标准是按润滑脂的工作条件分类，每个品种有严格代号，以区别不同的工作条件，根据规定，润滑脂代号的书写形式为

类别—组别与性能—数字

类别同润滑剂，用字母 L 表示；组别与性能用 5 个字母组成，第一个字母 X 组别，第 2 ~ 5 个字母分别表示最低工作温度、最高工作温度、工作场所水污染情况、极压性能等；数字表示稠度等级，按其针入度大小分为 000 ~ 6 共 9 个稠度等级，其相应针入度（1/10 mm）从 475 ~ 85。

例如，L-XBEGB00；表示润滑脂，最低工作温度 −20 ℃，最高工作温度 160 ℃，环境条件受水洗，高荷载，稠度等级为 00 级。

b. GB/T 491-492-1988 旧国家标准是以稠化剂和针入度为依据来考虑，其代号书写形式为

组别与稠化剂—级别—针入度尾注

组别用字母 Z，表示润滑脂；稠化剂用 1 ~ 2 个字母表示（见表 3.7、表 3.8）。

表 3.7 稠化剂代号

稠化剂	钙皂	钠皂	锂	铝	钡皂	铅皂	其他皂	钙钠皂
代 号	G	N	L	U	B	Q	A	GN
稠化剂	钙铝皂	铅钡皂	铝钡皂	复合钙皂	复合铝皂	烃基	无机	有机
代 号	GU	QB	UB	FG	FU	J	W	Y

表 3.8 润滑脂的级别与级号

级别名称	高温	低温	密封	工业	铁道	船用	航空	军械	仪表
级 号	0	7	10	40	42	43	45	46	63

普通润滑脂不分级，代号中无级别。

针入度直接标出相应针入度的序列号，有 0 ~ 9 共 10 个序列号（见表 3.9）。

表 3.9 尾注和尾注代号

尾　注	尾注代号	尾注含义
合成	H	合成脂肪胶
石墨	S	石墨
二硫化钼	E	二硫化钼

例 1　ZFG-3。

ZFG-3 表示：针入度为 220 ~ 250(1/10 mm)的 3 号复合钙基润滑脂。

例 2　ZG-3。

ZG-3 表示：针入度为 220 ~ 250(1/10 mm)的 3 号钙基润滑脂。

例 3　ZFLE-3。

ZFLE-3 表示：针入度为 220 ~ 250(1/10 mm)的 3 号二硫化钼锂基润滑脂。

②润滑脂的主要质量指标

A. 针入度(锥入度)

针入度是评价润滑脂软硬程度(稠度)常用指标，所谓针入度值，是指在规定质量、规定温度(25 ℃)下，标准圆锥体由自由落体垂直落入装于标准脂杯内的润滑脂，经过 5 s 所达到的深度，其单位 1/10 mm。

B. 水分

水分是指润滑脂的含水量，润滑脂的水分有两种存在形式：一种是游离水，它混杂或吸附在润滑脂内，会对润滑脂的质量带来不利影响，降低润滑脂的防护性能，引起腐蚀，也会降低润滑脂的化学性能和机械性能。另一种是结构水，钙基润滑脂都含有水分，这与脂肪酸钙形成水化物，从而起到稠化剂的作用。但锂基脂、铝基脂则不允许有水分。

C. 滴点

滴点是指润滑油受热开始熔化滴落第一滴流体时的最低温度。滴点可以确定润滑脂使用时允许的最高温度。要求选用润滑脂时其最高工作温度比滴点低 20 ~ 30 ℃。

D. 机械杂质

润滑脂油机械杂质，一般是指溶剂不溶物，主要是无机盐类、外界落入的尘土沙粒等物质。机械杂质在摩擦副中起到磨料的作用，破坏油膜，加速磨损。

E. 皂分

润滑脂中的皂分是指润滑脂中的皂分含量，它以质量百分数表示。皂分的大小，表现出润滑脂的软硬程度。

③常用的润滑脂

A. 钙基润滑脂

钙基润滑脂是以天然脂肪酸钙(钙皂)作稠化剂，稠化中等黏度的矿物润滑油制成。而合成钙基脂是用合成脂肪酸钙稠化中等黏度矿物油制成。它是一种淡黄色到暗褐色油膏，不易溶于水，抗水性强，有良好的泵送性。

钙基润滑脂适用于工业、农业及交通运输等中、低负荷的机械设备的润滑，如中小电机、水泵、鼓风机、拖拉机、装载机、冶金、纺织机械等中低转速、中低负荷潮湿环境、工作温度<60 ℃的滚动和滑动轴承的润滑。《钙基润滑脂》(GB 491—1987)分为ZG-1、ZG-2、ZG-3、ZG-4这4种牌号,针入度175~340,滴点80~90 ℃。钙基润滑脂是20世纪30年代的老产品,由于成本低,抗水性能好等优点,目前仍广泛应用。但是由于滴点低,使用温度受到限制,国内外大多数场合(中、重负荷,工作温度较高)逐步用锂基润滑脂取代钙基润滑脂。

B. 钠基润滑脂

钠基润滑脂是由天然脂肪酸钠皂稠化中等黏度的矿物润滑油或合成润滑油制成。而合成钠基润滑脂是合成脂肪酸钠皂稠化中等黏度矿物润滑油制成。它是一种深黄色到暗褐色油膏,耐高温,能在120 ℃工作温度下较长时间工作,但耐水性差。

《钠基润滑脂》(GB/T 492—1989)分为2N-2、2N-3两个牌号,针入度220~295,滴点160 ℃,适用于工业、农业等机械设备中不接触水而温度较高、中低负荷的摩擦部位的润滑,使用温度120~135 ℃以下。

C. 铝基润滑脂

铝基润滑脂是由脂肪酸铝为稠化剂稠化矿物油制成的淡黄色到暗褐色光滑透明油膏,它不含水、不溶于水,耐水性好,适用于较潮湿、工作温度<50 ℃的机械摩擦部位的润滑,SH/T 0371-1992只有ZU-2一个牌号,针入度230~280,滴点75 ℃。

D. 锂基润滑脂

锂基润滑脂是由天然脂肪酸锂皂为稠化剂,稠化中等黏度矿物油或合成油制成。而合成锂基润滑脂由合成脂肪酸锂皂为稠化剂,稠化中等黏度矿物油制成。它是一种淡黄色到暗褐色的油膏。通用锂基润滑脂有良好的抗水性、机械安定性、防锈性和氧化安定性等特点,属于多用途、长寿命、宽使用温度的一种润滑脂,适用于-20~120 ℃宽温度范围内的各种机械设备滚动、滑动轴承的润滑及其他摩擦部位的润滑;也适用于潮湿环境、较大温度变化范围,高转速,高荷载摩擦副的润滑,广泛用于各种电动机、装载机、拖拉机、纺织机、矿山、冶金、化工机械等行业的机械设备润滑,有ZL-1、ZL-2、ZL-3这3个牌号,针入度220~340,滴点不低于170~180 ℃。

燃油、润滑油和润滑脂以及润滑表见表3.10、表3.11。

表3.10 燃油、润滑油和润滑脂

种 类	名称牌号	加油量/L	应用部位
燃油	0-(-10)号轻柴油	—	柴油机
发动机机油	15 W/40 CF-4	—	柴油机
变矩器油	8号液力传动油	45	变矩器变速箱
双曲线齿轮油	GL-4 85W/B90齿轮油	36	前后驱动桥主传动和轮边减速
液压油	46号抗磨液压油	200	转向机转向系统、工作压力系统
刹车油	719型合成制动液	6 kg	制动系统
润滑脂	3号锂基润滑脂	4 kg	轴承及铰接部

表 3.11 润滑表

序号	润滑部位	润滑点数	润滑周期/h	操作情况	油脂类别	备 注
1	工作装置	14	8		3 号或者 4 号钙基润滑脂	
2	前传动轴	3	50			
3	后传动轴	3	50			
4	转向油缸轴销	4	50			
5	转向随动杆	2	50			
6	动臂油缸轴销	2	50			
7	转斗油缸后轴销	2	50			
8	车架铰接销	2	50			
9	副车架铰接销	2	50			
10	发动机油底壳	1	600		14 号或者 11 号柴油机油	
11	变矩器、变速箱	1	1 200		上冻 8 号液力传动油	
12	前后驱动桥	2	1 200		20 号或者 30 号齿轮油	
13	方向机	1	1 200		HL30(20)齿轮油	
14	轮边减速器	2	1 200			
15	制动助力器	2	1 200		201 合成制动液	
16	液压油箱	1	1 200		N68HM 液压油	
17	燃油箱	1	根据情况		0 号或者 10 号柴油	添加

如图 3.1 所示为装载机润滑示意图。

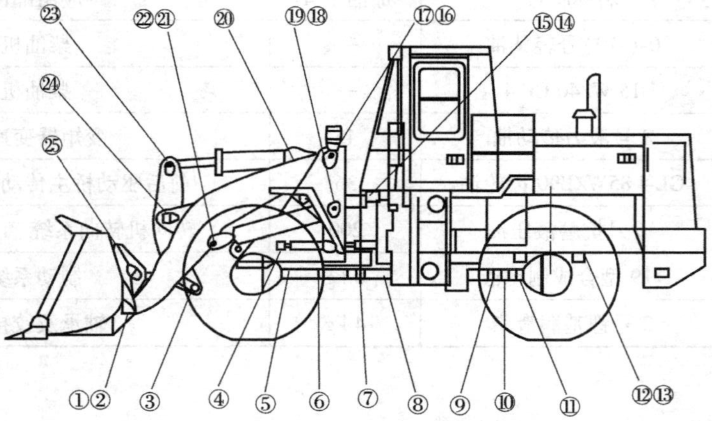

图 3.1 装载机润滑示意图

实操任务单

编号:ZS-03-02

系别:______________　专业:______________　班级:______________

学习情境名称:油品牌号与选用

能力目标	1. 了解装载机油品基本知识 2. 根据情况正确选取油品
准备	市场调查
内容	1. 学习后要知道各类油品牌号 2. 学习后要知道各类油品牌号的用途 3. 学习后要知道装载机各部位润滑时所使用的油品牌号,对照附表,按要求进行油品的加注和更换
评分标准	每题10分
评价: 1. 自评 2. 互评 3. 教师评价 考核结果(等级): 教师:________ 年　　月　　日	

3.3　冷却液维护

3.3.1　发动机冷却液的作用、类型和正确的使用方法

(1)发动机冷却液的作用

1)防冻

用乙二醇配制的冷却液最低可在 -70 ℃环境下使用。市场上销售的冷却液,乙二醇浓度一般保持为33% ~50%,也就是冰点在 -45 ~ -20 ℃,往往根据不同地域的实际需要合理选择,以满足使用要求。

2)防沸

加到水中的乙二醇会改变冷却液的沸点。乙二醇浓度越高,冷却液的沸点也就越高,-20 ℃时冷却液的沸点为104.5 ℃,而 -50 ℃时沸点达到108.5 ℃。如果冷却系统采用压力

盖，冷却液的实际沸点会更高，即使在炎热的夏天，也能有效地防止冷却液“开锅”。

3）防腐

冷却液最主要的功能是防腐蚀。腐蚀是一种化学、电化学和侵蚀作用，逐步破坏冷却系统内的金属表面，严重时可使冷却系统的壁穿孔，引起冷却液漏失，导致发动机损坏。使用去离子水及适当的添加剂能防止各种腐蚀的出现。

4）防锈

锈蚀是由于冷却系统内的氧化作用造成的。热量和湿气使锈蚀的过程加速。锈蚀留下的残余物会阻塞冷却系统，加速磨损和降低热传导的效率。冷却液中的添加剂有助于防止冷却系统通道内锈蚀的出现。

5）防垢

水源中所含的各种杂质，其中包括金属离子、无机盐等，决定了结垢和沉淀的形成，会大大地降低冷却系统的导热效率，在许多情况下会对发动机造成严重损害。冷却液所使用的去离子水，可避免结垢和沉淀的形成，从而保护发动机

冷却液有以下功能：防止冷却液凝固、防止冷却系统部件生锈、防止过热（沸点比水高）。

（2）发动机冷却液的类型

冷却液是在软化水中按比例添加防冻剂，配以适量的金属缓蚀剂、阻垢剂等添加剂进行科学调和，达到冬季防冻、夏季防沸、防腐蚀、防水垢等作用。按防冻剂成分不同可分为酒精型、甘油型、乙二醇型等类型冷却液。

酒精型冷却液是用乙醇作防冻剂，价格便宜，流动性好，配制工艺简单，但沸点较低、易挥发损失、冰点易升高、易燃等，现已逐渐被淘汰；甘油型冷却液沸点高、挥发性小、不易着火、无毒、腐蚀性小，但降低冰点效果不佳、成本高、价格昂贵，用户难以接受，只有少数北欧国家仍在使用；乙二醇型冷却液是用乙二醇作防冻剂，并添加少量抗泡沫、防腐蚀等综合添加剂配制而成，由于乙二醇易溶于水，可以任意配成各种冰点的冷却液，其最低冰点可达 -68 ℃，这种冷却液具有沸点高、泡沫倾向低、黏温性能好、防腐和防垢等特点，是一种较为理想的冷却液，目前国内外发动机所使用的和市场上所出售的冷却液几乎都是乙二醇型冷却液。

（3）发动机冷却液的正确使用方法

现代装载机发动机的冷却液除了冷却功能外，还必须解决穴蚀、化学腐蚀、电化学腐蚀和水垢这 4 大问题。冷却液是水与防冻剂的混合物，由于水的来源不同，其成分和清洁度也不同。因此，在加注冷却液时，要注意以下 8 个方面：

①不要加井水、污水。水就其是否溶解有矿物质来说，可分为硬水和软水两种。硬水中含有铁、钙、镁等离子，未经处理的井水、泉水就属于硬水，如果向发动机中加注这类硬水，经发动机加热蒸发后，就会产生碳酸钙、硫酸钙等化合物，沉淀下来形成水垢。水垢，一方面是热的不良导体；另一方面当水垢增加到一定程度时，就会使管路变窄，水的流量随之减少，就会影响发动机散热，造成发动机过热。而污水中含有泥沙和腐烂的有机物，易腐蚀水箱和缸体水套，影响其使用寿命。

②不要不管不问。有些发动机加注长效冷却液，在工作一段时间后，应打开水箱盖进行检查，当水箱出现水污、水锈和沉淀物时，应及时更换冷却液。

③不要缺水运行。高温天气行车，水箱内的冷却液蒸发加快，要时刻注意检查冷却液量，注意观察冷却液温度表。水箱如果不完全加满，冷却液在水套内循环就存在问题，水温容易升高造成“开锅”。有的车型，加水时不易加满，其水箱位置较发动机低，加水时水箱加水口显

示已经加满,但实际上发动机水套内缺水。如贸然行车,水箱易“开锅”。对这类车,正确的方法:应在加水口显示加满后,启动发动机运转,待发动机温度升高至节温器开启时,水套内空气排出后,水面就会下降,此时再将水箱加满即可。对于装载机,冷却液液面应位于补偿水桶外表面“高”线和“低”线之间。

④水箱“开锅”时不要贸然开盖。因为“开锅”时,水箱内温度很高(至少100 ℃),压力大,突然开启水箱盖,滚开的水及水蒸气便会向外急速喷出,易烫伤加水者。出现“开锅”时一般应怠速运转,等发动机温度降下来后再开盖加注冷却液。如时间紧迫,可先用湿布盖住水箱盖,再用湿毛巾包住手,然后慢慢将水箱盖打开。另外,加冷却液速度不宜过快,应缓缓加入。

⑤加水时不要将水洒到发动机上。加水时,若将水洒到发动机的火花塞孔座、高压线插孔、分电器上都可能会对跳火有影响;水溅到传动带上也可能导致其打滑;洒到机体上还有可能导致机体变形甚至产生裂纹。

⑥不要忘记向冷却液中加防冻剂。有的驾驶员认为,夏季冷却液中不需要加注防冻剂。这种想法是错误的。因为防冻剂可防止冷却液过早沸腾,提高了冷却液的沸点,可防止水箱过早出现“开锅”现象。另外,防冻剂中还含有防锈剂和泡沫抑制剂。防锈剂可延缓或阻止发动机水套壁及散热器的锈蚀和腐蚀。冷却液中的空气在水泵叶轮的搅动下会产生很多泡沫,这些泡沫将妨碍水套壁的散热。泡沫抑制剂能有效地抑制泡沫的产生。

⑦人体不要接触防冻液。防冻液及其添加剂均为有毒物质,请勿接触,并置于安全场所。放出的冷却液不宜再使用,应严格按有关法规处理废弃的冷却液。

⑧不同型号的防冻液不要混合使用。否则易引起化学反应,生成沉淀或气泡,降低使用效果。在更换冷却液时,应先将冷却系统用净水冲洗干净,然后再加入新的防冻液和水。用剩的防冻液应在容器上注明名称以免混淆。

(4)其他注意事项

①要坚持常年使用冷却液,要注意冷却液使用的连续性。那种只在冬季使用的观点是错误的,只知道冷却液的防冻功能,而忽视了冷却液的防腐、防沸、防垢等作用。

②要根据装载机使用地区的气温,选用不同冰点的冷却液,冷却液的冰点至少要比该地区最低温度低10 ℃,以免失去防冻作用。

③要针对各种发动机具体结构特点选用冷却液种类,强化系数高的发动机,应选用高沸点冷却液;缸体或散热器用铝合金制造的发动机,应选用含有硅酸盐类添加剂的冷却液。

④要购买经国家指定的检测站检测合格的冷却液产品,应向商家索要检测报告、质量保证书、保险以及使用说明书等资料,切勿贪便宜购买劣质品,以免损坏发动机,造成不必要的经济损失。

⑤冷却液的膨胀率一般比水大,若无膨胀水箱,冷却液只能加到冷却系容积的95%,以免冷却液溢出。

⑥如果发动机冷却系原先使用的是水或换用另一种冷却液,在加入新的一种冷却液之前,务必要将冷却系统冲洗干净。

⑦不同型号的冷却液不能混装混用,以免起化学反应,破坏各自的综合防腐能力,用剩后的冷却液应在容器上注明名称,以免混淆。

⑧在使用后,若因冷却系渗漏引起散热器液面降低时,应及时补充同一品牌冷却液,若液面降低系水蒸发所致,则应向冷却系添加蒸馏水或去离子水,切勿加入井水、自来水等硬水;

当发现冷却液中有悬浮物、沉淀物或发臭时，证明冷却液已起化学反应，已变质失去功效，应及时地清洗冷却系统，并全部更换其冷却液。

⑨若购买的是浓缩冷却液，如乙二醇型浓缩冷却液，可以按比例添加适量的纯水，以配制出适合本地区气温的冷却液。

3.3.2 冷却液维护

(1)检查冷却液

1)冷却液渗漏

检查冷却液是否从散热器、橡胶软管、散热器管和软管夹周围渗漏。

2)冷却液液位检查

发动机预热后，让发动机冷却下来。然后拆下散热器盖并检查冷却液液位是否合适。正常检查冷却液液位时没有必要拆下散热器盖。

注意：如果想在发动机仍然发热时拆下散热器盖，应在盖上放一块布并且松开45°以便释放压力。然后拆下散热器盖。不要立即拆下散热器盖，否则冷却液将会溅出。

应每天检查冷却液。在发动机处于冷态时检查冷却液液位，冷却液液位应在盖子下方1 cm内。

(2)更换冷却液

①将车放在平地位置，将冷却液放在容器内。

②拧下散热器盖。如发动机温度过高则不要急于将散热器盖打开，以防热水烫伤。检查冷却液质量。

③将散热器放水管接头松开。

④将放水开关关好，向冷却系内注满冷却液，并按标准加至盖子下方1 cm处。

⑤在加冷却液快满的时候，可将发动机启动5～10 min，使冷却液循环，水循环时会把冷却系内的空气排出，并使加水口冷却液面降低，此时应按标准补足。

(3)检查管路

1)外观检查

检查冷却系统管路是否破损和变形。

2)连接状况检查

①检查冷却系统管路连接卡箍是否松动。

②晃动冷却系统管路，检查连接是否可靠。

③在发动机运转状态下，检查连接处是否存在明显漏水现象。

实操任务单

编号：ZS-03-03

系别：__________ 专业：__________ 班级：__________

学习情境名称：冷却液维护

能力目标	1.定期检查冷却液液位 2.定期检查冷却液质量 3.冷却液循环进出口，要经常检查，是否连接紧密 4.做好仪器工作状态和每次工作时间的登记工作，记录仪器故障原因和排除方法及时间，确保仪器工作在最佳状态

续表

准备	ZL50 机 1 台,冷却液,更换冷却液盛接容器
内容	1. 如何正确根据环境要求配制冷却液 2. 如何检查冷却液液位 3. 如何更换冷却液,步骤如何操作 4. 如何对冷却系统排气
评分标准	每题 10 分
评价: 1. 自评 2. 互评 3. 教师评价 考核结果(等级): 教师:________ 年　月　日	

3.4　空气滤清器的维护

空气滤清器的作用是为发动机提供清洁的空气,以防发动机在工作中吸入带有杂质颗粒的空气而增加磨蚀和损坏的几率。空气滤清器的主要组成部分是滤芯和机壳,其中,滤芯是主要的过滤部分,承担着气体的过滤工作,而机壳是为滤芯提供必要保护的外部结构。空气滤清器的工作要求是能承担高效率的空气滤清工作,不为空气流动增加过多阻力,并能长时间连续工作。空气滤清器的外观及滤芯如图 3.2 所示。

空气滤清器在液压机械的液压系统上也有不同程度的应用,主要用来调节液压系统油箱的内外压力差。

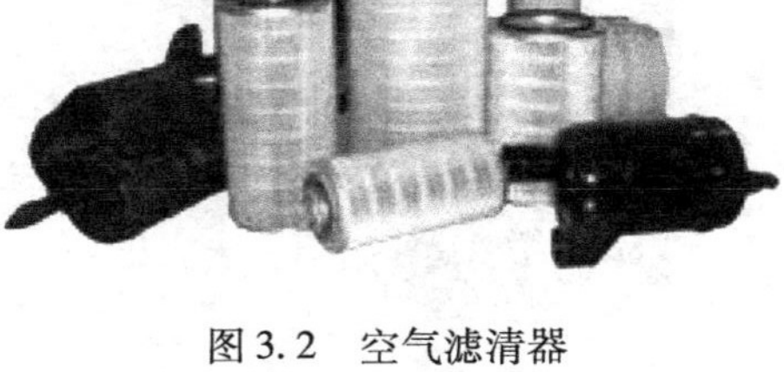

图 3.2　空气滤清器

空气滤清器的形式有两种，即干式和湿式。

干式空气滤清器是通过一个干式滤芯(如纸滤芯)将空气中的杂质分离出来的滤清器。装载机由于工作环境恶劣，它的空气滤清器必须是多级的。第一级为旋流式预滤器(如叶片环、旋流管等)，用于滤除粗大颗粒杂质，过滤效率在80%以上；第二级细滤是微孔纸滤芯(一般称为主滤芯)，其过滤效率达99.5%以上；主滤芯之后还有一个安全滤芯，其作用是在安装和更换主滤芯时，或在主滤芯偶然损坏时防止灰尘进入发动机，安全滤芯的材料多为非织造布，也有使用滤纸的。

湿式空气滤清器包括油浸式和油浴式两种。

油浸式是通过一个油浸过的滤芯，将空气中杂质分离出来，其滤芯材料有金属丝织物的，也有使用发泡材料的。

油浴式是将吸进的含尘空气导入油池而被除去大部分灰尘，再在带油雾的空气向上流经一个由金属丝绕成的滤芯时作进一步过滤，油滴和被拦住的灰尘一起返回到油池。油浴式空气滤清器一般用于农业机构和船用动力。

空气滤清有惯性式、过滤式和油浴式3种方式。

①惯性式。由于杂质的密度较空气的密度大，当杂质随空气旋转或急转弯时，离心惯性力的作用能使杂质从气流中分离出来。

②过滤式。引导空气流过金属滤网或滤纸等，将杂质阻挡并黏附在滤芯上。

③油浴式。在空气滤清器底部设有机油盘，利用气流急转冲击机油，将杂质分离并黏滞在机油中，而被激荡起的机油雾滴随气流流经滤芯，并黏附在滤芯上。空气流过滤芯时能进一步吸附杂质，从而达到滤清的目的。

装载机的空气滤清器主要是使用过滤式的。在沙漠、油田、煤矿等灰尘“重灾区”工作，普通空气滤清器就难以满足延长发动机使用寿命的要求，多采用惯性式的沙漠空气滤清器。

3.4.1 空气滤清器的主要作用

发动机在工作过程中要吸进大量的空气，如果空气不经过滤清，空气中悬浮的尘埃被吸入汽缸中，就会加速活塞组及汽缸的磨损。较大的颗粒进入活塞与汽缸之间，会造成严重的“拉缸”现象，这在干燥多沙的工作环境中尤为严重。空气滤清器装在化油器或进气管的前方，起到滤除空气中灰尘、沙粒的作用，保证汽缸中进入足量、清洁的空气。

如图3.3所示为空气滤清器。

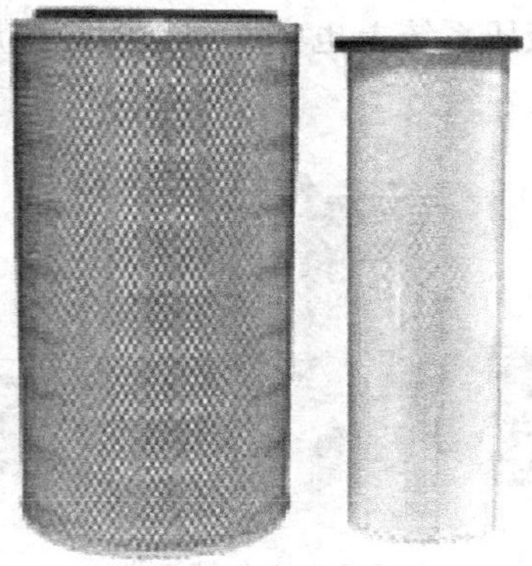

图3.3 空气滤清器

在装载机的千千万万个零部件中,空气滤清器是一个极不起眼的部件,因为它不直接关系到装载机的技术性能,但在装载机的实际使用中,空气滤清器却对装载机(特别是发动机)的使用寿命有极大的影响。一方面,如果没有空气滤清器的过滤作用,发动机就会吸入大量含有尘埃、颗粒的空气,导致发动机汽缸磨损严重;另一方面,如果在使用过程中,长时间不给维护保养,空气滤清器的滤芯就会黏满空气中的灰尘,这不但使过滤能力下降,而且还会妨碍空气的流通,导致混合气过浓而使发动机工作不正常。因此,按期维护保养空气滤清器是至关重要的。

纸质滤清器具有滤清效率高、质量轻、成本低、维护方便等优点,已被广泛采用。纸质滤芯的滤清效率高达99.5%以上。装载机上广泛使用的空气滤清器是纸质滤清器,又分为干式和湿式两种。对干式滤芯来说,一旦浸入油液或水分,滤清阻力就会急剧增大,因此清洁时切忌接触水分或油液,否则必须更换新件。

在发动机运转时,进气是断续的,从而引起空气滤清器壳体内的空气振动,如果空气压力波动太大,有时会影响发动机的进气。此外,这时也将加大进气噪声。为了抑制进气噪声,可以加大空气滤清器壳体的容积,有的还在其中布置了隔板,以减小谐振。

如果滤芯阻塞严重,将使进气阻力增加,发动机功率下降。同时由于空气阻力增加,也会增加吸进的汽油量,导致混合气过浓,从而使发动机运转状态变坏,增加燃料消耗,也容易产生积炭。平时应该养成经常检查空气滤清器滤芯的习惯。

3.4.2　空气滤清器的安装使用

①在安装时,空气滤清器与发动机进气管之间无论是采用法兰、橡胶管连接还是直接连接,都必须严密可靠,防止漏气,滤芯两端面必须安装橡胶垫圈;固定空气滤清器外罩的翼形螺母不能拧得过紧,以免压坏纸滤芯。

②在维护时,纸滤芯千万不能放在油中清洗,否则纸滤芯会失效,还容易引起事故。保养时,只能使用振动法、软刷刷除法(要顺着其皱折刷)或压缩空气反吹法清除附着在纸滤芯表面的灰尘、污物。对粗滤器部分,应及时清除集尘部位、叶片和旋风管等处的灰尘。即使每次都能精心维护,纸滤芯也不能完全恢复原来的性能,其进气阻力会增高,因此,一般当纸滤芯需要进行第4次维护保养时,就应更换新滤芯了。若纸滤芯出现破裂、穿孔或者滤纸与端盖脱胶等问题,应立即更换。

③在使用时,要严防纸芯空气滤清器被雨水淋湿,因为一旦纸芯吸附了大量水分,将大大增大进气阻力,缩短使用寿命。此外,纸芯空气滤清器不能与油及火接触。

3.4.3　空气滤清器的维护与保养

当发现空气滤清器上面的指示器由黄转红之后,说明进气压力变大,过滤质量变差,就应该立即清理预滤器和滤芯了。

(1)检查更换空气滤清器的主滤芯

①停放好设备,并熄灭发动机,严禁在发动机运转时拆卸空气滤芯。

②将主滤芯从空气滤清器壳体中取出,轻轻敲击,将滤芯上的尘土振落。

③选择通风良好的地方,用压缩空气从滤芯内部向外吹,压缩空气沿褶皱处上下移动,同时慢慢转动滤芯,空气压力不要超过设备主机的保养规定,一般控制在0.5 MPa左右,喷嘴与

滤纸之间的距离保持在 1 cm 以上。

④清理完毕后,切记要仔细检查,观察密封胶圈、滤纸等是否完好,最好的办法是在滤芯内部放入一个灯泡,然后从滤芯外部观察,如发现小孔或者已经有很薄的部位,应立即更换。

⑤清理预滤器、集尘盒、滤芯壳体的灰尘。

⑥按下指示器下面的复位钮,使指示器复位。如果清洁主滤芯后,启动发动机,空气滤清器服务指示器的黄色活塞仍升到红色区域,或仍排出黑色烟雾,则应更换一个新的安全滤芯。主滤芯在清理过 6 次后应更换,即使没有清理过 6 次,每年也应更换一次。在更换主滤芯时,要同时更换安全滤芯。

⑦仔细安装,确保滤芯正确就位,做到不碰、不撞,力矩适中,密封垫圈齐全。

(2)更换空气滤清器的安全滤芯

①发动机熄火,打开发动机罩。

②拆下空气滤清器的内、外盖。

③拆下主滤芯。

④拧下安全滤芯顶端的螺母,然后拆下安全滤芯。

⑤清理干净空气滤清器内壁。

⑥安装新的安全滤芯,必须使安全滤芯端面上的密封圈均匀接触,密封良好。只能用手拧紧安全滤芯的安装螺母,不能使用工具。

⑦安装新的主滤芯和空气滤清器的内、外盖。只能用手拧紧主滤芯顶端的螺母,不能使用工具。

⑧按下服务指示器底部的复位钮,使其复位。

装载机的空气滤芯多少小时清理一次,多少小时更换最佳?

主要看工作环境。灰尘大的 15 天左右清理一次就行,灰尘小 3 个月也可以。在工作的时候根据你自己的判断,10 天左右清理一下看看,如果不脏就再等 10 天清理一次。两次就是 20 天,也就是说,现在的工作环境需要 20 天清理一次。这样就有经验了。

空气滤芯的清理是没有时间限制的,要靠经验加分析才行,工作环境最重要。

实操任务单

编号:ZS-03-04

系别:__________ 专业:__________ 班级:__________

学习情境名称:空气滤清器的维护

能力目标	1. 熟悉装载机空气滤清器保养的注意事项 2. 结合静机训练,了解保养周期的具体时间 3. 能够了解装载机空气滤清器的作用 4. 进一步培养学生认真的工作态度和细致的工作作风,熟悉操作流程
准备	液压装载机 1 台,液压装载机操作手册,熟悉操作流程
内容	1. 空气滤清器的作用是什么 2. 空气滤清器多长时间更换一次,如何判断 3. 空气滤清器清洁更换的步骤是怎么进行的,需要注意哪些事项
评分标准	每题 10 分

续表

评价： 1. 自评   2. 互评   3. 教师评价   考核结果(等级)：   教师：________ 年 月 日

3.5 制动系的维护

3.5.1 装载机制动系概述

装载机制动系统用于行驶时降速或者停驶，以及在平地或坡道上较长时间停车。制动系统包含行车制动系统和紧急停车制动系统两部分。

行车制动系统用于经常性一般行驶中速度的控制及停车，也称脚制动。它分气顶油四轮盘式制动(中、低配置)和全液压双回路湿式制动(高配置)两种。气顶油四轮盘式制动具有制动平稳、安全可靠、结构简单、维修方便、沾水复原性好等特点；全液压双回路湿式制动具有制动平稳、响应时间短、反应灵敏、操作轻便、安全可靠、制动性能不受作业环境影响等优点。

紧急停车制动系统用于停车后的制动，或者在行车制动失效时的紧急制动，也称手制动。另外，当制动气压低于安全气压(为0.28~0.3 MPa)时，该系统自动使装载机紧急停车；在全液压制动系统中，当系统出现故障，行车制动回路中的蓄能器内油压低于7 MPa时，能自动切断紧急制动电磁阀电源，并使变速箱挂空挡，装载机紧急停车，确保整机及人员安全。

3.5.2 检查停车制动性能

应经常检查机子的停车制动性能，以保证停车安全和紧急制动时的制动能力。

①将机子的轮胎气压调整到规定值，铲斗平放，离地面300 mm左右。并且确认机子具有

良好的行车制动性能。

②启动发动机，将机子正对着开上坡度为18%（夹角为10°12′）的斜坡，如图3.4所示。路面应是平坦干燥的。

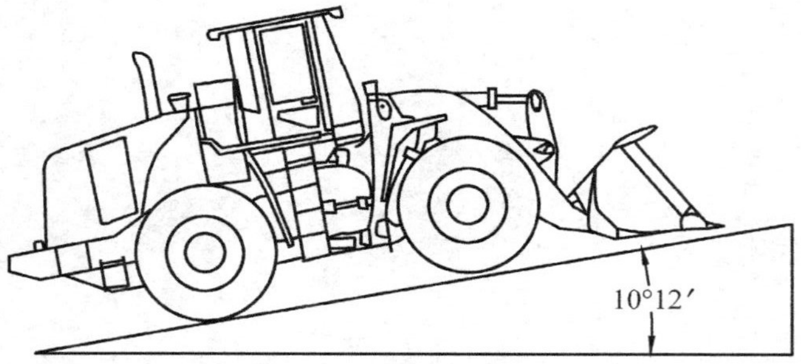

图3.4　检查行车制动

③踩下行车制动踏板，停稳机子。将变速操纵手柄置于空挡位置，然后发动机熄火。

④拉起停车制动阀按钮，慢慢松开行车制动踏板，检查机子是否还在原位。

3.5.3　检查行车制动性能

在进行行车制动性能检验前，应保证机子停车制动系统工作正常，以便在紧急时使用停车制动器进行紧急制动。

机子在平直、干燥的水泥路面上以32 km/h速度行驶，踩下行车制动踏板完全制动，在机子停下来后，先将变速操纵手柄推到空挡位置，拉起停车制动阀按钮，然后再松开行车制动踏板。检查车子的制动距离，制动距离不应大于15 m。

以32 km/h的速度行驶，点式制动，应迅速出现制动现象，且不跑偏。

3.5.4　气顶油式制动的制动系统

(1)系统维护

①经常检查制动系统有无泄漏，各种接头、连接部分有无松动。

②前、后加力器储油室加注合成制动液，液面高度与油杯滤油网相平。每天检查，液体不足时应及时添加。

③制动液切勿混入矿物油。否则会迅速损坏橡胶元件。

(2)系统排气

制动系统油路中的气体会影响制动性能。在更换零件、清洗系统后要进行排气工作。排气方法如下：

①清除制动管路、储油室、加油口、放气嘴等处的积垢。

②前、后加力器油杯中加满合成制动液。

③启动发动机，待空气压力表读数为0.71~0.78 MPa后熄火。

④放气嘴上套入放气用的透明管，管的另一端放入盛油盘中。

⑤松开其中一个轮边制动器放气嘴(见图3.5)。

图3.5　轮边制动器放气嘴

⑥两人配合,其中一人连续地踏下制动踏板数次,另一人观察排出的液柱,直到排出的液柱无气泡后踩紧制动阀踏板。

⑦旋紧放气嘴,然后松开制动踏板。

⑧按以上步骤排其他轮边制动器里的气体放气时,还要向油杯里及时补充制动液,以免空气再度进入油路系统。

(3)制动系统的性能测试

制动系统性能的好坏关系到行车的安全性及效率,经过拆修的制动系统应进行制动系统性能测试,检验其是否处于良好状态。

机子空载,把铲斗举起离地面200 mm,在平直、干燥的水泥路面上以32 km/h的速度行驶,用脚完全制动时,其制动距离应不大于15 m。以32 km/h的速度行驶,点试制动,应迅速出现制动现象,且不跑偏。

机子空载时,拉起停车紧急制动手动电磁阀的开关,机子应该能在18%坡度上停住不移动。

(4)气制动阀的调整

气制动阀如图3.6所示。

当气制动阀的踏板松开时,出气口的压力应该迅速降至零位。如果出气口的压力不回零位,可做以下调整:

松开锁紧螺母②→顺时针旋转调整螺栓①,使气制动阀踏板完全松开→逆时针旋转调整螺栓①,使调整螺栓①刚好顶到气制动阀踏板→拧紧锁紧螺母②。

(5)加力器

加力器由汽缸和液压总泵两部分组成,如图3.7所示。

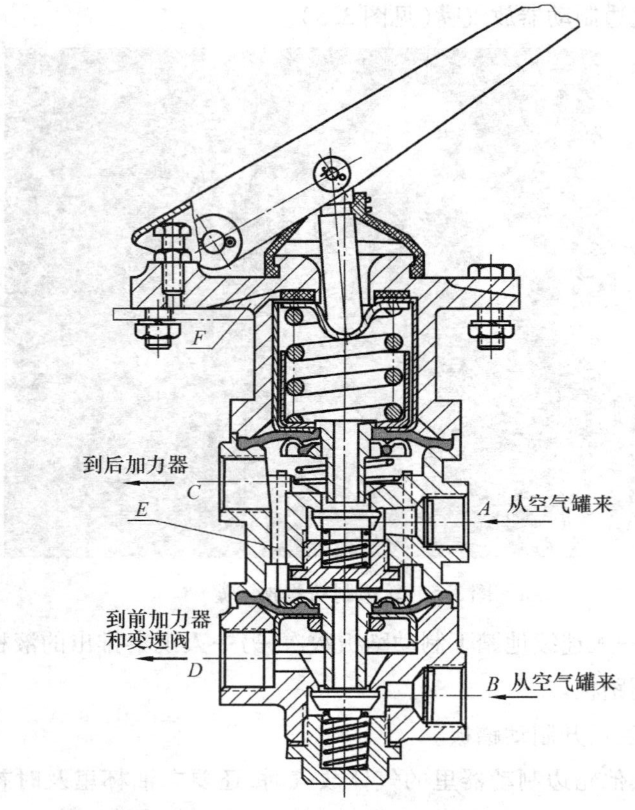

图 3.6　气缸动阀

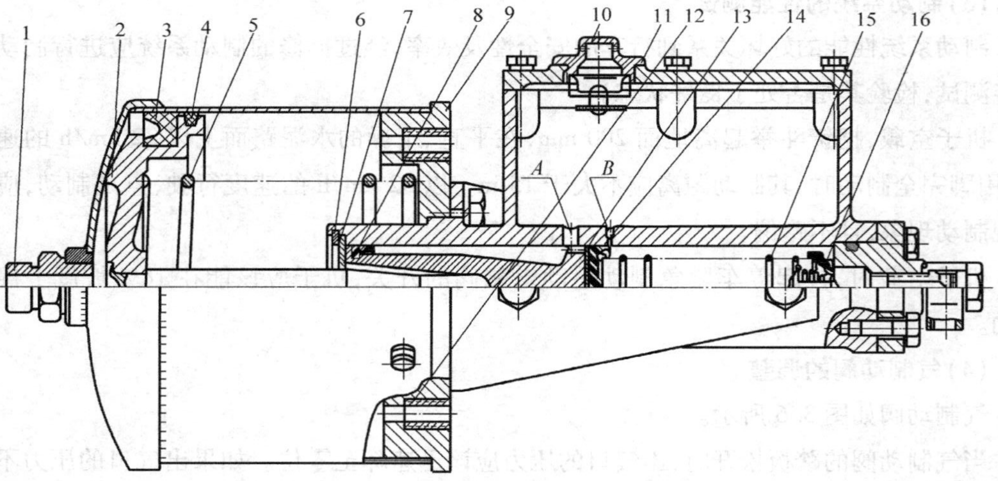

图 3.7　助力器

1—气管接头；2—气室活塞；3—Y 型密封圈；4—毛钻密封圈；5—气室活塞回位弹簧；
6—锁杆；7—止推垫圈；8—皮圈；9—端盖；10—储油杯盖；11—储油杯；
12—滤网；13—油活塞；14—皮碗；15—出油阀；16—回油阀；
a—回油孔；b—补偿孔

制动时，压缩空气推动活塞 2，克服弹簧 5 的预紧力，通过推杆使液压总泵的活塞 13 右移，总泵缸体内的制动液推开回油阀 16 的小阀门（见图口）通过油管进入车轮制动器。当气压为 0.68 ~ 0.8 MPa 时，出口的油压约为 10 MPa。

松开制动踏板，压缩空气从接头 1 返回，活塞 2 在弹簧作用下左移，总泵活塞 13 在弹簧 15 的作用下也随之左移，车轮制动器内的制动液经油管推开回油阀 16 流回总泵内。

由于弹簧 15 的作用，使回油结束，回油阀关闭时，由总泵至车轮制动器的制动油路中保持一定的压力，以防止空气从油管接头或制动器皮碗等处侵入制动油路。当迅速松开制动踏板时，总泵活塞在回位弹簧 15 作用下迅速左移，但制动液由于黏性未能及时充填总泵活塞退出的空间，使总泵缸内形成真空。这时在大气压力作用下，总泵缸上部储油室内的制动液可经回油孔 A，穿过活塞 13 头部的 6 个小孔，由皮碗周围进入总泵缸内进行填补，避免在活塞回位过程中将空气吸入总泵。活塞 13 完全回位后，补偿孔 B 已打开，由管路中继续流回总泵的制动液则经补偿孔 B 进入储油室。当制动液管路因密封不良而漏失一些制动液，或因温度变化而引起总泵、制动器和油管中制动液膨胀和收缩，都可以通过回油孔和补偿孔得到补偿。

由低的控制气压得到高的制动油压——理论增压比 1∶18。

工作介质——压缩空气、美孚 DOT3 合成制动液（不能用矿物油）。但 ZL50D（用湿式制动驱动桥）加力器用的制动液为美孚 1310。

密封件材料——耐制动液的三元乙丙胶。

3.5.5　全液压回路湿式制动系统

(1) 制动原理

全液压回路湿式制动系统由齿轮泵、组合制动阀、蓄能器、制动油缸、手制动电磁阀、手制动缸及接转向等液压先导系统的其他执行机构组成。其工作原理如图 3.8 所示。

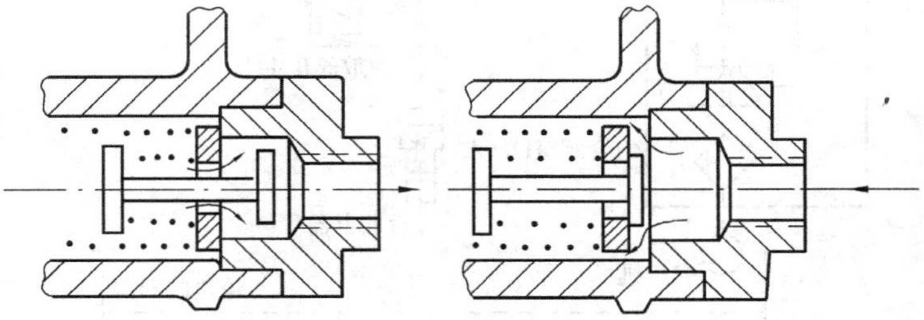

(a)　　　　(b)

图 3.8　全液压回路湿式制动系统工作原理

组合制动阀与齿轮泵直接连接，经节流口以设定流量向蓄能器充液，其余流量经 N 口流至其他的执行器（见图 3.8 中的转向器）。当充液压力达到充液阀设定的压力值时，充液阀切换位置，压力补偿器换位，充液压力切断，充液过程完成，全部流量流向 N 口至其他机构。制动时，反复操作制动阀芯（踩下制动踏板），蓄能器中的压力油液被消耗，当任一蓄能器压力比切断压力低某个设定值时，充液阀翻转，压力补偿器换位，充液压力恢复，经定差节流口以设定流量向蓄能器充液，其余流量经 N 口流至其他的执行器。如此循环往复，完成整个充液→制动→再充液的循环过程。

(2)系统元件组成

1)动力泵

一般制动系统都单独有一个泵,以满足整机制动需要,排量一般不大,大都为齿轮泵。

2)充液阀

为制动系统提供一个稳定的压力,并控制充液压力、流量,使多余的液压油分流到其他系统,保证制动系统的可靠。

3)行车制动阀

系统的主要控制元件,为减压阀,使系统高压油经减压后进入轮边制动器,为了便于操纵,制动阀的翻转角度与输出压力成近似正比,装载机上所用都是双回路制动阀。

4)驻车制动阀

可为电控或手动开关阀,提供压力油使驻车制动器脱开。

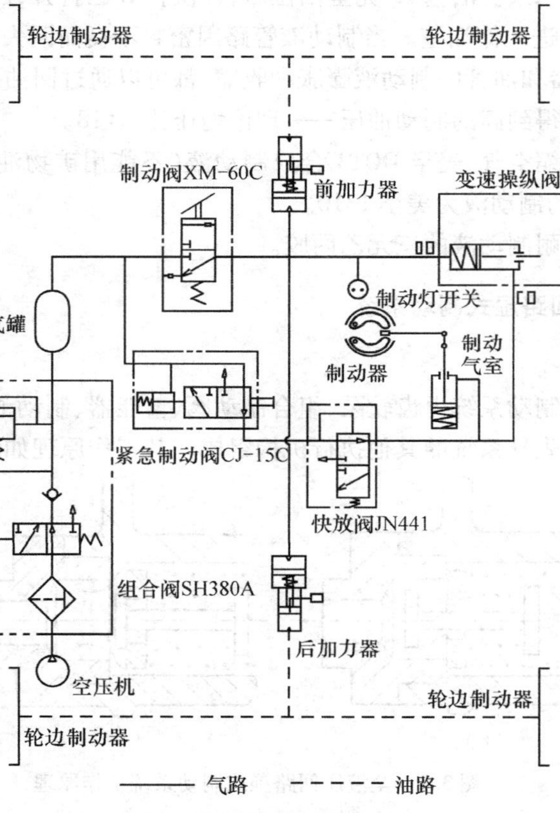

图 3.9　制动系统原理图

5)蓄能器

蓄能装置,使整机在熄火后短时间内仍能进行制动,并减少系统的充液时间。

实操任务单

编号:ZS-03-05

系别:______________　　专业:______________　　班级:______________

学习情境名称:制动系的维护

能力目标	1. 学习后要知道什么是装载机的制动系统,它的结构及作用 2. 学习后要知道怎么样检查停车制动性能 3. 学习后要知道怎么样检查行车制动性能 4. 学习后要知道对气顶油式制动的制动系统维护及调整方法 5. 了解徐工 ZL50 装载机制动系工作原理
准备	徐工 ZL50 的装载机 1 台,装载机操作手册,熟悉操作流程
内容	根据以下 4 个内容回答问题: 1. 装载机制动系统原理、结构 2. 检查停车制动性能 3. 检查行车制动性能 4. 气顶油式制动的制动系统维护及调整 问题: 1. 装载机制动系工作原理是什么 2. 装载机制动系的功用是什么 3. 如何检查装载机停车制动性能 4. 如何检查装载机行车制动性能 5. 简述装载机气顶油式制动的制动系统维护及调整方法
评分标准	每题 10 分

评价:

1. 自评

2. 互评

3. 教师评价

考核结果(等级):

教师:________

年　月　日

3.6 变速箱的维护

3.6.1 装载机变速箱概述

变速箱就是通过改变转速比,从而改变传动扭矩比的装置。它与发动机配合工作,保证车辆有良好的动力性能和经济性能。

3.6.2 变速箱的功用与要求

(1)变速箱的功用

①改变传动比,即改变发动机和驱动轮间的传动比,使机械的牵引力和行驶速度适应各种工况的需要,而且使发动机尽量工作在有利的工况下。

②实现倒挡,使机械能前进与倒退。

③实现空挡,可切断传动系统的动力,实现在发动机运转情况下,机械能较长时间停止,便于发动机启动和动力输出的需要。

④降轴距,解决发动机输出与驱动桥输入不同轴的问题。

(2)对变速箱的要求

①具有足够的换挡和传动比,使机械能在合适的牵引力和速度下工作,具有良好的牵引性和燃料经济性以及高效的生产率。

②变速器应工作可靠,传动效率高,使用寿命长,结构简单,维修方便。

③变速器应换挡轻便,不允许同时挂两个挡或出现自动脱挡、跳挡现象。

④对动力换挡变速还要求换挡离合器平稳。

(3)变速箱的组成

变速箱由变速传动机构和变速操纵机构两部分组成。

3.6.3 变速箱的类型

①按变速箱操纵方式分。机械式换挡和动力换挡等变速箱。

②按变速箱轴数分。二轴式、平面三轴式、空间三轴和多轴式等。

③按轮系形式分。定轴式和行星式变速箱。

机械换挡变速器:通过操纵机构来拨动齿轮或啮合套进行换挡。

动力换挡变速器:齿轮和轴的接合和分离是通过离合器,离合器的分离和接合是用液压操纵的,液压操纵的压力油由发动机带动的液压泵提供,离合器的接合和分离靠的是发动机的动力,称为动力换挡。

3.6.4 变速箱的构造

(1)平面三轴式变速箱

平面三轴式变速箱的特点是输入轴与输出轴不仅在同一轴线上,而且可以获得直接挡,由于输入轴、输出轴、中间轴处于同一平面内,故称为平面三轴式变速箱。

(2)空间三轴式变速箱

ZL50 变速箱是由箱体、齿轮、轴和轴承等零件组成,具有 5 个前进挡和 4 个倒退挡,其采用合套换挡的空间三轴式变速箱，该变速箱有 3 根轴：输入轴、空间轴、输出轴，这 3 根轴呈空间三角形布置，以保证各挡齿轮副的传动关系。

ZL50 变速箱传动路线分析：从变速箱传动的特点来看，T220 推土机变速箱属于组合式变速箱，其传动部分由换向和变速两部分组成。换向部分原理如下：当操纵机构的换向杆推到前进挡位置时，即拨动中间轴上的啮合套 A 左移与前进从动齿轮 Z11 啮合，这时动力由前进Ⅰ挡 Z1 经输出轴上齿轮 Z5、Z4 传至中间轴上齿轮 Z11。

(3)挡位实现过程

1)前进Ⅰ挡

当接合制动器 9 时，实现前进Ⅰ挡传动。

2)前进Ⅱ挡(直接挡)

当闭锁离合器 12 接合时，实现前进Ⅱ挡。

3)倒退挡

当制动器 6 接合时，实现倒退挡。

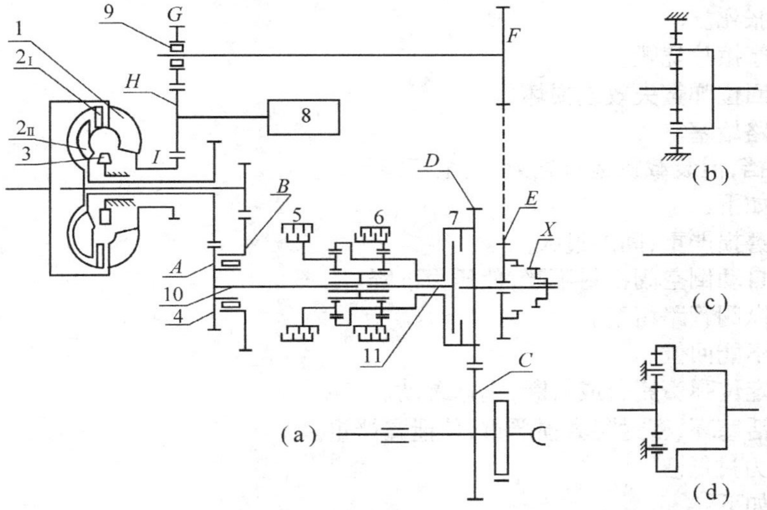

图 3.10　ZL50 型装载机变矩器-变速箱传动简图

1—泵轮；$2_Ⅰ$—一级涡轮；$2_Ⅱ$—二级涡轮；3—导轮；4—单向离合器；5—倒挡制动器；6—Ⅰ挡制动器；7—Ⅱ挡闭锁离合器；8—转向泵；9—单向离合器；10—变速箱输入轴；11—Ⅱ挡输入轴

3.6.5　机械换挡变速箱的维修

变速箱是轮式装载机重要的传动部件之一，它负责将发动机传来的速度和扭矩传递给总传动系统，改变发动机和车轮之间的传动比，实现装载机的前进和倒退挡操纵，并可实现在发动机运转的情况下切断传给行走装置的动力，以适应装载机作业和行驶的需要，便于发动机的启动和停车安全。

但在装载机工作过程中，由于使用和保养不当而造成的变速箱故障率一直居高不下，特别是使用中不严格遵守维修保养规程，缺乏及时的检查和日常保养，会加速变速箱的损伤和故障的形成，甚至会扩大故障后果的危害性。

(1)预防性保养的目的

①通过对装载机运行的跟踪检查，有计划地停机，做好变速箱的保养和修理安排。

②防止主要机械故障和与之相关的零部件损坏，在故障萌发之前就进行修理，以节约大

量维修成本。

③使整机零部件具有较长的使用寿命,提高设备机台效益,保持良好的工作性能。

④降低维修难度和工作量。

(2)轮式装载机变速箱的常见故障及原因

1)挂挡时,不能顺利进入挡位。

具体原因如下:

①压力阀压力过低。

②液压泵工作不良,密封不好。

③液压管路堵塞。

④离合器密封圈损坏、泄漏。

⑤挂挡阀杆不到位。

2)变速箱变速时,挡位脱不开。

具体原因如下:

①活塞环胀死。

②离合器摩擦片烧毁。

③离合器回位弹簧失效或损坏。

④回油管路堵塞。

3)已挂上挡,但装载机运行乏力,甚至不能行走。

具体原因如下:

①摩擦片磨损严重,间隙过大。

②离合器自动倒空阀密封不严,使压力下降。

③换挡操纵阀管路堵塞。

④切断阀不能回位。

⑤变速阀定位弹簧疲劳或折断,钢球跳动。

⑥离合器活塞环、密封圈磨损严重,使泄漏严重。

4)操纵压力过低。

具体原因如下:

①变速箱油底壳油量不足。

②主油道漏油。

③变速箱滤清器堵塞。

④转向泵(或液压泵)损坏,造成严重内漏。

⑤变速箱调压阀压力调整不当。

⑥挂挡压力阀弹簧失效或折断。

5)变速箱自动脱挡或乱挡。

具体原因如下:

①换挡操纵阀定位装置失灵,引起失灵的主要原因是定位钢球磨损严重,或弹簧失效。

②换挡操纵杆由于长期使用,杆的位置、长度发生变化,杆件比例不准确,使操作位置产生偏差,从而造成错位。

3.6.6 装载机变速箱维护保养的主要措施

(1)变速箱维护保养规定

结合变速箱维修保养实际,应遵循以下规定:

①日常性保养:检查油低壳油位。

②50 h(或每周):检查变速操纵手柄是否灵活有效。

③250 h(只在第一个 250 h 工作后才进行):清洗变速箱油底壳及变速箱滤油器滤芯。

④500 h:清洗油底壳过滤器,更换变速箱油液。

⑤2 000 h:对变速箱、变矩器解体检查检修。

(2)检查变速箱油位

检查变速箱油位时,必须分别检查冷车油位和热车油位。变速箱油位偏高或偏低,都会造成变速箱损坏,必须保持变速箱油位在正确的位置。

检查变速箱油位步骤如下:

①将机子停放在平坦的场地上,变速操纵手柄置于空挡位,拉起停车制动电磁阀开关,装上车架固定保险杠,以防止机子移动和转动;发动机怠速运行。

注意:如果在发动机熄火后取出油位尺,变速箱油有可能会从加油管中涌出。

②检查变速箱冷车油位:在发动机怠速运行,油温不超过 40 ℃状态下检查变速箱油位。沿逆时针方向转动油位尺便可将其松开,取出变速箱油位尺,用布擦干净上面的油迹,再伸进加油管中直至尽头,然后拨出油位尺。此时,变速箱油位应该处于油位尺的“COLD”冷油位区。若不够,请补油,直到达到油位尺的冷油位区。但若油位超过该油位区,请勿放油！检查冷车油位只是保证检查热车油位时,油量充分,保证安全使用。决定油位的最后检查是即将进行的热车检查。

③检查变速箱热车油位(在冷车油位达到要求时进行):在变速箱油温达到工作油温(80 ~90 ℃)时,取出变速箱油位尺,用布擦干净上面的油迹,再伸进加油管中直至尽头,然后拔出油位尺。此时,变速箱油位应该处于油位尺的“HOT”热油位区。若不够,请补油,直到达到油位尺的热油位区。如果油位在油尺刻度“HOT”区域之上,则通过变速箱底部的放油螺塞放出部分变速箱油。

④检查完毕,将油位尺插入变速箱加油管,然后沿顺时针方向旋转便可拧紧油位尺。

注意:在检查变速箱油位、更换变速箱油和更换变速箱滤油器的过程中,必须十分注意清洁,不能让脏物进入变速箱系统内,以免造成变速箱损坏。

(3)更换变速箱油

更换变速箱油的操作步骤如下:

①将机子停放在平坦的场地上,变速操纵手柄置于空挡位,拉起停车制动阀按钮,装上车架固定保险杠,以防止机子移动和转动。

②启动发动机并在怠速下运转,在变速箱油温达到工作温度(80 ~ 90 ℃)时,发动机熄火。

③拧开变速箱下部后侧的放油螺塞进行排油,并用容器盛接。

(4)更换变速箱油滤清器

变速箱油滤清器的更换步骤如下:

①拆下变速箱后部右侧的吸油管,即可取出粗滤器。用干净的压缩空气或柴油进行清洗并晾干。

②用磁铁清理干净放油螺塞上附着的铁屑,并将磁铁从粗滤器安装口伸进变速箱油盘内,清理内壁的铁屑。

③安装好变速箱粗滤器、吸油管、放油螺塞和变矩器油散热器下方的放油螺塞及相应的

密封件。

④拧开变矩器油散热器上方的加油螺塞，从变矩器油散热器加油口加入干净的变速箱油，在变速箱油充满散热器后，拧上放气螺塞和加油螺塞。

⑤取出变速箱油位尺，从变速箱加油管加入干净的变速箱油，直至油位尺刻度“HOT”热油位区以上。

⑥启动发动机，并在怠速下运转，同时反复检查油位和补充变速箱油，直到油位到达油位尺刻度“COLD”冷油位区以上。在此过程中，变速箱有可能会发出轻微的异响，这是由于变速箱油不足的原因，在添加油到规定的油位后，异响会消失。

⑦在变速箱油位达到工作温度时（80 ~ 90 ℃），再次检查油位，油位应该在油位尺刻度“HOT”热油位区，如果油不足，请加油；如果油过量，请放掉部分油。

⑧插入油位尺，并沿顺时针方向拧紧。

注意：在更换变速箱油前，应注意将停车制动器盖好，以免停车制动器的摩擦片沾上油，降低制动性能。

（5）更换变速箱油精滤器

变速箱油精滤器位于变速箱的右上方，在更换变速箱油时，应同时更换变速箱油精滤器。

①清理干净变速箱精滤器周围区域。

②使用皮带扳手把精滤器从安装座上拆下来。

③用干净的布清理安装座上的密封表面。

④在新的精滤器的密封垫上涂上一层变速箱油。

⑤把精滤器拧到安装座上直到清滤器的密封垫接触到安装座的密封面，再用手拧紧1/3 ~ 1/2 圈。

实操任务单

编号：ZS-03-06

系别：＿＿＿＿＿＿　专业：＿＿＿＿＿＿　班级：＿＿＿＿＿＿

学习情景名称：变速箱的维护

能力目标	1. 能看懂变速箱结构图和工作原理 2. 能进行变速箱的正常维护工作 3. 进一步培养学生认真的工作态度和细致的工作作风，明确装配图的作用
准备	装载机 ZL50 变速箱保养操作过程
内容	根据以下内容回答问题： 1. 变速箱的功用与要求 2. 变速箱的类型 3. 变速箱的构造 4. 变速操纵机构 问题： 1. 变速箱的工作原理 2. 变速箱的结构及类型 3. 如何进行变速箱的油位检查、更换滤芯和换油
评分标准	每题 10 分

续表

评价： 1. 自评   2. 互评   3. 教师评价   考核结果(等级)： 教师：________ 年　　月　　日

3.7 驱动桥的维护与保养

3.7.1 轮式驱动桥主传动的维护调整

主传动器由于传递转矩大，受力复杂，既有切向力、径向力，又有轴向力，在机械作业中有时还产生较大的冲击载荷。因此要求主传动器除了在设计制造商要保证具有较高的承载能力外，在装配时还必须保证正确的啮合关系。否则在使用中将会造成噪声大、磨损大、齿面剥落甚至齿轮折断，故对主传动器必须进行调整。调整项目包括锥柱轴承的安装紧度、主从动锥齿轮的啮合印痕和齿侧间隙。主传动器的调整顺序一般是先调整好锥柱轴承的安装紧度，然后调整锥齿轮的啮合印痕，最后检查齿侧间隙。

(1) 主传动轴的调整

锥齿轮传动由于有较大轴向力作用，因此一般采用锥柱轴承支承。但这种轴承当有少量磨损时对轴向位置影响较大，这将破坏锥齿轮的正确啮合关系。为消除因轴承磨损而增大的轴向间隙，恢复锥齿轮的正确啮合关系，在使用中要注意调整轴承紧度。后桥轴承调整工作的目的在于保证轴承的正常间隙。轴承过紧，则其表面压力过大，不易形成油膜，加剧轴承磨损；轴承过松，间隙过大，齿轮轴向松动量增大，影响齿轮啮合。主传动器主动圆锥齿轮两个轴承的工作情况，可用千分表检查，即将千分表固定在后桥壳上，千分表触头在主动圆锥齿轮外端，然后撬动传动轴凸缘，千分表所示读数即为轴承间隙。轴承间隙超过 0.05 mm 时，可改变两轴承间的垫片与垫圈的厚度进行调整，保养时，后桥拆洗装配后，主动圆锥齿轮轴承预紧度采用拉力弹簧或用手传动检查。当轴承间隙正常时，转动力矩为 1.0 ~ 3.5 N · m。双级减速主传动器中间轴的轴承紧度，用轴承盖下的垫片进行调整。预紧度为 3 ~ 4 N · m。差速器壳轴承的预紧度采用旋紧螺母进行调整，预紧度也为 3 ~ 4 N · m。

(2)主从动锥齿轮啮合印痕的调整

所谓主传动器的正确啮合,就是要保证两个锥齿轮的节锥母线重合。其判断方法通常是检查两齿轮的啮合印痕,即在一个锥齿轮的工作锥面上涂上红铅油,转动齿轮,检查在另一个锥齿轮面上的印痕,要求印痕在齿高方向上位于中部;在齿长方向上不小于齿长之半,并靠近小端,这样当齿轮承载后,小端变形大,使实际工作印痕向大端方向移动,而趋向齿长中间。啮合印痕不合适时,可通过前后移动小锥齿轮或左右移动大锥齿轮来调整。

(3)齿侧间隙的调整

齿侧间隙作为一项检查项目,检查方法一般是在锥齿轮的非工作面间放入比齿侧间隙稍厚的铅片,转动齿轮后,取出挤压过的铅片,最薄处的厚度即是齿侧间隙。新齿轮的齿侧间隙一般为0.2~0.5 mm,如966D装载机和D85A-18推土机主传动器锥齿轮的齿侧间隙分别为0.3±0.1 mm和0.25~0.33 mm。必须注意的是,工作中因齿面磨损而使齿侧间隙增大是正常现象,这时不必对锥齿轮进行调整,否则调整后反而会改变啮合位置,破坏正确啮合关系。齿侧间隙调整可通过左右移动大锥齿轮实现。

3.7.2 驱动桥的常见故障及处理方法

(1)异响

驱动桥的响声比较复杂,若零部件质量不合格、主传动在装配时安装和调整不当以及使用中磨损过大等,都会使装载机在行驶和作业中出现响声。一般情况下,异响随机器速度的增加而增大。具体情况有以下3种:

1)主、被动齿轮啮合间隙不当而发出的响声

原因及现象:啮合间隙过大,引起轮齿间相互撞击,响声为无节奏的“咯噔、咯噔”声;啮合间隙过小,使轮齿之间相互挤压,响声为连续的“嗷嗷”声,并伴有驱动桥发热;啮合间隙不均匀时,响声是有节奏的“哽哽”声,严重时驱动桥会发生摆动。

处理方法:拆下主传动,重新调整主、被传动齿轮的啮合间隙。

2)轴承间隙不当发出的响声

原因及现象:轴承间隙过小时,响声为“嘤……”的连续声;轴承间隙过大时,则发出杂乱的“哈啦、哈啦”的响声。

处理方法:拆下主传动,加垫重新调整轴承间隙;若轴承已损坏,应更换新件后再调整轴承间隙。

3)差速器异响

原因及现象:行星齿轮与十字轴卡滞时会发出“嘎巴、嘎巴”的响声,且多在转弯时出现;行星齿轮啮合不良的响声较复杂,当机器直线行驶时,是“嗯……”的响声,且机器速度越高响声越大;在转弯时还会出现“咯噔、咯噔”的响声。

处理方法:拆下主传动,更换十字轴或行星齿轮。

(2)过热

现象及原因:机器行驶或作业一段时间后,用手摸桥壳若感觉烫手,不能忍受,即为驱动桥过热。驱动桥出现过热现象,主要是由于轴承间隙调整过紧,主、被传动齿轮啮合间隙过小以及缺少润滑油造成的。

处理方法:先检查是否缺少润滑油,如果不缺油应拆下主传动,检查、调整轴承间隙或主、被传动齿轮的啮合间隙。

(3)漏油

现象及原因:作业或停放时,在主传动与桥壳的接合处以及轮边减速器的内侧有齿轮油渗出。主传动与桥壳的接合处漏油主要是由于螺栓松动或石棉纸垫片破损造成的;轮边减速器内侧漏油主要是由于双唇骨架油封或 O 形密封圈破损造成的。

处理方法:更换双唇骨架油封或石棉纸垫。

使用中如果发现驱动桥有异响、发热及漏油,都应及时停车,查明原因并进行排除,否则将会造成驱动桥或轮边减速器内部零件严重损坏。

3.7.3　轮式驱动桥的保养

(1)润滑油的添加与更换

①新桥使用 50 h 后,趁热把主减速器的废油分别放出,清洁干净后再换新润滑油。把轮胎螺塞孔旋转至高于水平线稍上方,拧开螺塞加油至该处有油溢出为止。

②添加或者更换润滑油时,根据季节和主传动器道德齿轮形式正确选用齿轮油。

③更换新油时,趁机械走热时放净旧油,然后加入黏度较小的机油或者柴油,顶起后桥,挂挡运转数分钟,以冲洗内部,再放出清洗油,加入新润滑油。

(2)驱动桥的解体检查

①每工作 2 400 h 应进行解体检查,检查行星轮滚针轴承,若磨损必须更换检查和调整主动齿轮副的啮合印痕与间隙;检查差速器齿轮与半轴齿轮磨损情况;检查轮边减速器行星齿轮副啮合及其他零件情况。

②十字轴与行星齿轮配合表面及与差速器壳配合表面不允许有擦伤。十字轴颈磨损,与有关零件配合间隙超过使用极限时应进行修复。十字轴颈磨损可采用刷镀法修复。齿轮孔磨损,有的机型可更换衬套,然后镗孔至标准尺寸。

③后桥主传动齿轮工作负荷相当繁重,其常见损伤形式是齿面磨损、齿面点蚀与剥落、齿面黏着磨损与齿轮折断等。齿轮检验一般采用目测法。齿轮如有不严重的点蚀、剥落或擦伤,个别牙齿损伤且不大于齿长的 1/6 和齿高的 1/3,齿面磨损但接触印痕正常,啮合间隙不超过 0.8 ~0.9 mm 时,可修整后继续使用。损伤超过规定时应予以更换且须成对更换。

实操任务单

编号:ZS-03-07

系别:______________　　专业:______________　　班级:______________

学习情境名称:驱动桥的维护与保养

能力目标	1. 通过对装载机运行的跟踪检查,有计划地停机,做好驱动桥的保养和修理安排 2. 防止主要机械故障和与之相关的零部件损坏,在故障发生之前就进行修理,以节约大量维修成本 3. 使整机零部件具有较长的使用寿命,提高设备机台效益,保持良好的工作性能
准备	装载机 1 台,装载机保养手册,熟悉操作流程

续表

<table>
<tr><td>内容</td><td>1. 更换新油时应在________放净旧油，然后加入黏度较小的________和________
2. 齿轮检查一般采用________法
3. 齿轮个别牙齿损伤且不大于齿长的________和齿高的________，可修整后继续使用
4. 十字轴颈磨损可采用________或________修复
5. 后桥主传动齿轮工作负荷相当繁重，其常见损伤形式是________、齿面________、________、齿面黏着磨损与齿轮折断等</td></tr>
<tr><td>评分标准</td><td>每题 10 分</td></tr>
<tr><td colspan="2">评价：
1. 自评

2. 互评

3. 教师评价

考核结果（等级）：

教师：________
年　月　日</td></tr>
</table>

3.8 液压系统的维护

液压系统的维护工作如下：

①每周维护工作。

②每 500 h 维护工作（大约一个半月）。

③每 1 000 h 维护工作（大约三个月）。

④每 5 000 h 维护工作（大约一年）。

3.8.1 液压系统维护的具体内容

(1)每周的维护

取样观察液压油，并检查液压油箱的油位和油温，检查软管、接头以及控制阀块有无泄漏，从油箱底部排放阀放出一些油，观察含水情况，检查散热器，检查过滤器。

(2)每 500 h 维护工作（一个半月）

除包含每周所做的维护工作外，清洗进油口的油滤器，若报警则更换高压滤器，清洗冷却水滤芯，清洗空气滤芯。

(3)每1 000 h维护工作(三个月)

除包含500 h的维护工作外,进行油品化验分析,进行油品清洁度检测,必要时进行液压油过滤,清洗液压油冷却器(散热器)。如果油品的化验结果证明油品有问题,则在化验后立即更换油箱中以及管路中所有的液压油。

(4)每5 000 h维护工作(一年)

除包含1 000 h的维护工作外,必须更换液压油,必须清理散热器。

3.8.2　液压系统维护的处理方法

(1)液压油的更换

优质的液压系统,是针对无故障使用寿命长而设计的,它需要很少的维护。但是,这少量的维护对于主机来讲是非常重要的,可以使设备的运行受控,避免很多的故障;实践证明,液压系统的故障80%的失效和损坏是由于液压油的污染、维护不足和油液的选用不当造成的。因此,每年对系统元件的维护和保养是必要的,可以保证每年设备出厂和进场的时候是完好且受控的。

(2)液压油化学成分的检查

化验的主要项目:黏度,水分,不溶物,闪点、凝点和倾点,颗粒计数,氧化度,磨损金属光谱分析(铁、铅、铜、铝、锌、铬等),抗氧化性、抗乳化性、抗泡沫性、抗磨性和极压性能。

液压油清洁度:清洁度高,减少液压泵磨损,伺服阀及其他阀块的故障率降低,滤器的寿命延长,液压油的寿命延长;清洁度差,泵磨损加剧,阀块易被卡死,滤器寿命短,油质变化快。

(3)取样观察

使用清洁的容器(例如,矿泉水瓶,我们随处可以得到),从液压油箱的放油口接50 mL的液压油,存放12 h后检验。

液压油的故障特点如下(见表3.12):

颜色:乳白色,表示液压油的含水量过高,导致乳化,降低液压油的润滑性能。

状态:浑浊并有悬浮物或有沉淀,表示液压油受污染。

颜色:颜色变深呈褐色,表示液压油在局部高温下氧化了。

味道:焦煳味或臭味,表示液压油氧化了。

表3.12　液压油的故障特点

外　观	污染物	原　因
颜色变暗	氧化产物	过热,换油不彻底(或其他油液浸入)
乳化	水或泡沫	水或空气浸入
水液分层	水	水浸入,如冷却水
气泡	空气	空气浸入,例如,由于液面低或吸油管漏气
悬浮或沉淀污染物	固体	磨损、污染、老化
焦油气味	老化产物	过热,元件磨损

(4)检查油位

保持70% ~85%油位。检查方法是将设备停放在比较水平的地面,检查液压油箱的油位计,确定液压油在油箱中的油面高度。

油位过高：停机时油会溢出油箱。

油位过低：油易起泡；易乳化；泵易抽空。

(5)检查油温

合适温度：液压系统良好工作的表示。

检查工具：随机附送接触式温度计和非接触式温度计各一个。

理想工作温度范围：50～60 ℃，最高不超过 85 ℃。

油温过高恶果：氧化加剧，油寿命下降；密封件老化加剧；油黏度下降，部件润滑不良。

(6)油品泄漏

系统的液压油泄漏，一般指的是向外泄漏。泄漏的后果是直接导致系统的压力下降，设备的污染增加，液压油减少，泵可能要吸空，严重的会导致系统元件损坏，设备损坏。

对泄漏量的简单判定如下：

1 滴/min	相当于	1 桶/年
1 滴/10 s	相当于	1 桶/年
1 滴/s	相当于	2 000 L/年
连续细流	相当于	3 000 L/年

(7)油箱底部排水

空气中冷凝水进入油箱，冷却器密封不好会造成水分进入，油箱底部都设计有斜度，放泄阀都安装在油箱最低处，定期放水可避免油品乳化。具体操作方法是将机械停放在倾斜的地面，使得油箱的排水口在较低的位置，停放 12 h 后，在下次启动之前放掉大约 100 mL 的油水。

3.8.3 液压系统维护检查过程说明

每日开动装载机之前都应检查液压油箱的液位。检查时将装载机置于水平地面上，通过观察窗可以看到油位高低。当油位低于规定时，就要按装载机说明书要求添加液压油。

液压油经长期工作之后，会产生一些冷凝水与沉积物，应当每月一次定期排放。排放冷凝水应在装载机停止工作一夜之后进行，拧开油箱底部的放油塞，让脏油流出至见到干净油为止。然后装好放油塞，并加注新的液压油。

无论是工作时间多长，液压油都要每年化验油品或更新一次，以防止油液变质污染液压系统。换油之前应先启动发动机运转，将液压油暖热以利于排放。

放油时先拧下排放螺塞放空油箱，再拆开系统中进排油路的最低油管接头，排空回路中的油。拆下油箱盖，用柴油清洗油箱内外及箱盖、螺塞、管接头等。清洗完毕，重新装好油塞、管接头及箱盖，加满新油。试车运转，并操纵各液压系统，检查油位及是否渗漏，需要时可再加注适量的油。

在放油、清洗和加油过程中，应始终注意以下事项：

①要保持工作环境清洁。

②拆开箱盖后，要严防杂质落入油箱。

③油管接头卸开的所有开口，必须堵塞紧，以防止灰尘进入。

④清洗时所使用的布或刷子，不得附有灰尘、棉绒及松脱掉毛。

⑤封装箱盖时，应使用密封胶填封，但不得让密封胶挤入油箱中。

⑥所有加入的液压油都要经过过滤器进入油箱内。

如果油箱中的液压油已变质，或者需更换不同牌号或不同品质的液压油，必须在排放清洗后,先加入少量新液压油,经液压系统运转以洗刷其内部。然后将此混合油排放掉,再经清洗重新加注新油。必要时,应经多次洗刷,方可全部换好新的液压油。

液压油过滤器通常是安装在液压系统的进油口,应每月更新一次,拆下的旧过滤器应予报废。更换时要小心擦洗过滤器盖的密封表面,不要留有旧密封材料残余。给新密封件涂一层干净液压油,用手拧转新过滤器至密封件贴合,然后再加拧半圈。启动发动机试车,应确保过滤器周围无泄漏才能投入使用。

液压油箱的最高位置装有透气口,要保证通气孔滤网不被堵塞,每周可检查清洗一次,连续使用三个月予以更换新滤网。

液压油还要通过冷却器散热。要保证空气能自由地通过散热片及提高散热效果,应每半月一次清洗散热片,以去除其表面污垢。清洗散热片可用水冲洗或压缩空气喷吹干净,并注意保持其密封件和吸声器不会被损坏。

实操任务单

编号:ZS-03-08

系别:______________　专业:______________　班级:______________

学习情境名称:液压系统的维护

能力目标	1. 通过对装载机的运行,熟悉液压系统的工作原理和结构 2. 掌握液压油油位检查、更换滤芯及密封件、更换液压油、清洗液压元件的方法 3. 掌握判断液压油质量的方法
准备	装载机 1 台,装载机保养手册,熟悉操作流程
内容	1. 熟悉每个周期对液压系统的维护内容 2. 如何更换液压密封件 3. 如何清洗液压系统 4. 如何正确地检查液压油位
评分标准	每题 10 分
评价: 1. 自评 2. 互评 3. 教师评价 考核结果(等级): 教师:______ 年　月　日	

3.9 轮胎维护

3.9.1 轮胎的维护与保养

轮胎是装载机行走系统的重要部件,对车辆的使用质量有很大的影响。装载机的牵引性能、制动性能及经济性能均与轮胎的性能有关。同时,轮胎又是易损件,且价格较贵,其价格占装载机总成本的7% ~15%,占机械成本和运营费用的14% ~25%。因此,就装载机来说,轮胎的正确选择与使用,对节约成本、提高安全系数、防止轮胎的非正常损坏和延长轮胎使用寿命显得十分重要。

(1)轮胎的选择

1)选择轮胎时的注意事项

不要在同一车轴上混用下述不同类型的轮胎(混用会对轮胎寿命产生极为不利的影响):不同种类的轮胎;不同规格的轮胎;不同结构的轮胎;普通轮胎、防滑轮胎、防滑钉轮胎;不同槽深的轮胎;不同花纹的轮胎。轮胎及车辆上均设定有各自适合的轮子(见表3.13)。

表3.13 装载机的轮胎选择

车型	工作环境	对轮胎的影响	性能要求	选择轮胎
轮式装载机	开采矿山、碎石场原矿石时	轮胎轻微发热、刺扎机会多、磨损寿命短	耐刺扎性,耐磨性	深槽,超深槽;耐刺扎胎面橡胶质地:一般槽+钢丝缓冲层,侧面钢丝缓冲层
	装载矿山、碎石场成品时	轮胎发热轻微,刺扎机会少、磨损寿命长	胎体耐久性,耐老化性	一般槽
	装载砂石及运输时	轮胎发热轻微,刺扎机会极少,磨损寿命长	胎体耐久性,耐老化性,牵引性	一般槽、牵引
	装载砂石及运输时	轮胎发热轻微,刺扎机会极少,磨损寿命长	胎体耐久性,耐老化性,牵引性	耐热胎面橡胶质地,一般槽,牵引

①要使用适合轮胎及车辆的轮子。使用不合适的轮子,不仅损伤轮胎,也会导致车辆性能降低及损伤,因此务必选择厂家推荐的轮子。

②使用双轮间隔恰当的轮子。双轮间隔发挥着非常重要的作用。它可以防止轮胎间接触造成的损伤,提高轮胎的散热效果。

③轮子各部件要使用同一品牌。要使用同一品牌的适合部件装配轮子,否则会由于部件(锁环等)的脱落,导致意想不到的事故。

2)内胎垫带的选择

①要装配适合轮胎、轮子以及车辆的内胎(带气门)和垫带。虽然从外面看不见内胎和垫带,但内胎发挥着保持轮胎的内部空气,垫带发挥着保护内胎的重要作用。

②新轮胎要装配新内胎及垫带。轮胎磨损过程中,内胎和垫带也会因为疲劳而达到使用年限。

③要使用和轮胎同一品牌的内胎和垫带。有时同一尺寸轮胎也会因品牌的不同而内胎和垫带尺寸不同。

(2)装载机轮胎的合理使用

1)使用前

装载机在行车前必须检查轮胎气压(冷却状态下测量)是否符合规定,有无漏气现象。要保证并装两个轮胎的气压及左右两侧轮胎的气压一致。否则会导致局部超载,使轮胎磨损不均匀甚至爆胎,同时会造成行驶中方向跑偏和制动跑偏现象,增加行车危险。还应逐一检查转向轮摆动是否正常,轮胎是否有鼓包、裂缝、割伤、扎钉或玻璃等,及时清除镶嵌在轮胎花纹内的坚硬杂物,轮辋是否有开裂、变形和明显的腐蚀现象。

2)使用中

①遵守安全操作规程:工程机械起步和制动时,离合器、制动器的操作要配合好,尽量做到起步平稳,停车缓慢,避免急转弯、紧急制动、猛起步以及盲目高速行驶、高速超越障碍物等野蛮操作行为。在不平的路面上应减速缓行,切忌碾压油污,上下坡路应小心驾驶。在冬季冰雪路上行驶时应使用防滑链并要保持左右一致,用完后及时拆除防滑链。

②防止过载或偏载:工程机械装载货物或作业时,应保持各个轮胎的承载量基本相同,避免超载和偏载。装载重心超前、过后或偏向一侧,大部分负荷会集中到一条轮胎而导致严重超载,胎体帘线的受力将超过允许值,产生异常磨损和早期裂纹,严重时会引起爆胎。

③避免高温运行:在炎热的环境中行驶或作业,轮胎温度升高过多时,会加剧胎面中部磨损且有爆胎可能,此时,禁止用冷水浇胎降温,也不允许放气降压。而应放慢车速以控制胎温继续上升,必要时可停机于阴凉处自然降温,待胎温正常后再继续行驶或作业。

3)使用后

①合理停放:工程机械长时间不用时应保证轮胎气压充足,稍离地面(支起来),防止胎面局部长时间承受负荷变形失去弹性。避免阳光直射,远离油污,严寒天气防止轮胎与地面冻结在一起。

②及时维修:要及时检查轮胎的损坏情况,分析损坏原因,采取补救措施。胎面磨耗至安全标志线时,应停止使用。在不良道路上应减速行驶,通过尖锐石块区域后,及时清理花纹内、两胎间夹持的石块和其他杂物,检查轮胎是否有机械性损伤。当发现轮胎磨损不均匀时,应及时将质量较好的轮胎调整到负荷较大的驱动桥上,使其磨损程度相差不多。避免品牌不同的轮胎、新轮胎和磨损轮胎、新轮胎和翻新轮胎等组合装配,轮胎规格尺寸、胎面花纹和厂牌标识应一致。双轮装配时,直径应一致,不能为了使外径一致而用气压调整。

③重视轮胎换位使用:一台装载机车辆上的轮胎,由于位置不同,工作条件和磨损情况也不一样。如前轮经常转向,横向磨损较大;后轮轮胎承受负荷大于前轮轮胎,磨损程度要大20%~30%;工程车辆经常靠道路的右侧行驶,右后轮比左后轮负荷大,轮胎磨损也大。为了使各轮胎磨损均衡,延长其使用寿命,必须适时地进行换位调整。常用的方法有交叉换位法、同轴换位法、循环换位法和混合换位法。用得较多且效果较好的是交叉换位法和同轴换位法。当一台车上用轮胎为同规格、同层级和同花纹的,且行驶里程数又相同时,可按交叉换位法或循环换位法进行换位。

(3)轮胎的充气

充气压力过高:充气压力过高一方面会减少胎面的接地面积,在软土地面使用时,轮胎下陷过深,飘浮性和牵引性能下降,发动机能耗增大;另一方面过高的内压还使橡胶和帘线过度拉伸。这些因素使轮胎产生下述损坏:

①行驶面过度胀大,增大中心部位与地面的接触压力,磨胎冠。

②轮胎胎面易被割裂、刺穿和冲击内裂。

③胎体易被刺暴。

④过高的压力施加在胎圈区域,加大胎圈爆破的潜在危险。

⑤轮胎易打滑,遇有尖锐物时往往导致周向连续割口。

⑥驾驶不舒适,车辆行驶颠簸。

一般保证轮胎的气压在 0.3 ~0.4 MPa。

3.9.2 轮胎的充气压力

①推荐的轮胎充气压力是指冷充气压力(轮胎气压的测量必须是在轮胎完全冷却的情况下,否则是不准确的)。

②车辆连续进行作业时会使轮胎生热、轮胎气压会随着轮胎内部的生热而升高。不同类型的轮胎,气压低、高多少也各有不同。这属于正常情况。不会给轮胎造成危害。不应给轮胎放气来降低由车辆连续作业而导致的气压增高。

③如果轮胎在操作中,因生热导致气压比推荐气压升高 25% 或更多,此时应停止作业,重新检查一下冷充气压力。若冷充气压力是正确的,应采取降低行驶速度或减少负载的方法来降低轮胎生热。否则会导致轮胎过热而脱层损坏。

④应使用气压表检查气压,并对气压表定期进行校准。

⑤气门嘴帽应盖上,这可防止泥沙进入气门嘴而影响气密性。

3.9.3 轮胎的负荷

标准中推荐了在不同作业速度下,使用每一种规格轮胎所承受的最大负荷。

为更好地使用轮胎,不应超出所推荐的最大负荷。若作业负荷超出所规定的轮胎负荷,应考虑使用较高层级的轮胎。尽管轮胎有一定的安全量,稍微超负荷也不见得会立即损坏。如果从整个作业的效益来考虑,并把轮胎每吨公里的最终成本也计算进去,就会看到,超负荷是得不偿失的。

超负荷将导致轮胎产生以下的损坏:

①胎体屈挠变形增大,使轮胎过多生热导致脱层。

②过度的屈挠导致胎体帘线断裂。

③轮胎行驶面对地面的压力及位移增大,导致快速磨损。

④过多的应力作用于胎圈区域,导致胎圈部位损坏。

⑤加大胎体帘线张力,存在爆胎的危险,特别是受冲击时。

实操任务单

编号:ZS-03-09

系别:＿＿＿＿＿＿　专业:＿＿＿＿＿＿　班级:＿＿＿＿＿＿

学习情境名称:轮胎维护

能力目标	1. 熟悉装载机轮胎保养的注意事项 2. 结合静机训练,了解保养周期的具体时间 3. 能够了解装载机轮胎保养的作用 4. 轮胎保养的具体方法
准备	液压装载机 1 台,液压装载机轮胎保养手册
内容	1. 如何检查轮胎胎压 2. 在高速运行时或重载作业时,应该如何保养轮胎 3. 如何充气,并确定气压
评分标准	每题 10 分
评价: 1. 自评 2. 互评 3. 教师评价 考核结果(等级): 教师:＿＿＿＿ 年　月　日	

3.10　电器系统

3.10.1　电器设备及仪表

电器设备由蓄电池、启动电机、充电发电机、继电器、仪表及车灯等组成。电器系统制,负极搭铁,额定电压为 24 V,灯具为 24 V。

(1)蓄电池

采用两个 N200 型 12 V 蓄电池、串联而成 24 V。

当蓄电池正常使用时,在工作过程中经常充电和放电,无须拆下充电。

如长期停止使用,应将蓄电池卸下,并每月加以充电。

蓄电池电液比重冬季为 1.285,在夏季不应低于 1.245(电液温度 15 ℃时)。电液低于上述比重时,进行补充充电,并检查放电原因。

冬季每隔 10 ~ 15 天,夏季 5 ~ 6 天,应检查蓄电池所有 6 格内的液面一次,并检查蓄电有无损坏。应经常保持蓄电池的清洁和电流充足。

(2)启动电机、充电发电机、继电调节器等部分

详见随机的"柴油机使用保养说明书"。

如发现电器系统充电不足时,应检查蓄电池情况和各处接线是否良好,必要时检查充电发电机和继电调节器。

(3)灯系

本机配有前大灯、后大灯、工作灯、前车灯、后尾灯、顶灯、仪表灯及指示灯等,其各种灯泡规格见表 3.14。

表 3.14　各种灯泡规格

序号	名　称	数　量	灯泡规格
1	前大灯	2	24 V 55/50 W
2	后大灯及工作灯	3	24 V 35 W
3	前小灯及转向灯	4	24 V 21 W
4	后转向灯及刹车灯	4	24 V 21 W
5	后小灯	2	24 V 10 W
6	顶灯	1	24 V 5 W
7	仪表灯	6	24 V 0.5 W
8	指示灯及照明灯	8	24 V 2 W

(4)仪表盘

该机的仪表包括:发动机水温表、发动机油压表、制动气压表、燃油油位表、变矩器油温表、小时计及指示灯和各种控制开关,均集中装在驾驶室内组合仪表盘上。

发动机水温表量程为 50 ~ 115 ℃,指示区域温度值为 50 ~ 60 ℃至 100 ~ 115 ℃,正常指示值为 60 ~ 90 ℃(绿色区内)。

发动机油压表量程为 0 ~ 1.0 MPa,正常指示值为 0.2 ~ 0.4 MPa。

充电指示灯指示充放电情况。发动机启动后充电指示灯熄灭表示蓄电池充电;充电指示灯亮表示蓄电池不充电。

制动气压表量程为 0 ~ 1.0 MPa,正常指示气压表为 0.6 ~ 0.8 MPa,小时计记录发动机时间。

3.10.2　空调系统

(1)空调构成及工作原理

本机所配置的空调一般为冷暖两用型:制冷系统主要由压缩机、驱动皮带、冷凝器、冷凝风机、储液罐、膨胀阀、管路及电气控制面板等组成;其供暖系统主要由热交换器、热水管路、控制阀、送风风机等组成;空调工作原理如图3.11所示。有关空调的具体内容请参阅随机附送的空调使用维护说明书。

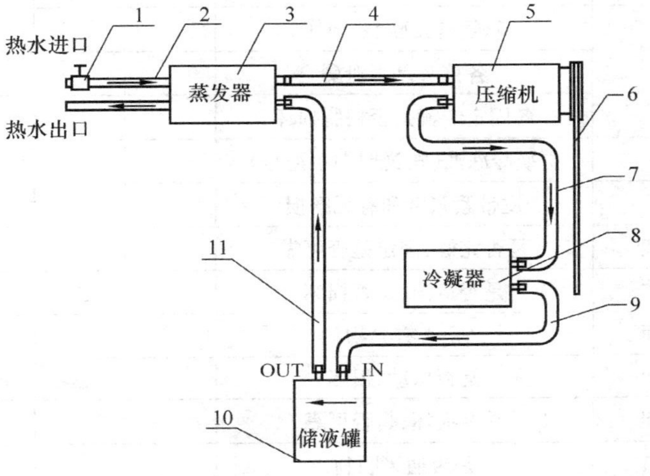

图3.11　空调工作原理图

1—控制阀;2—暖水管;3—蒸发器总成(含控制面板、热交换器、送风风机、膨胀阀);
4—蒸发器至压缩机胶管;5—压缩机;6—皮带;7—压缩机至冷凝器胶管;
8—冷凝器总成(含冷凝风机);9—冷凝器至储液罐胶管;10—储液罐;11—管路

(2)注意事项

①非专业人员,请勿拆卸修理空调系统。

②检查维修时,应将车辆停在水平场地,变速箱处于空挡或停车状态,启动停车制动器,其他人员应远离车辆或作业现场。

③与制冷剂直接接触会导致冻伤。检查时一定要注意安全,要带上护目镜及相应的保护工具,以免制冷剂伤及眼睛、皮肤;要小心触摸有关部件,以免被高温部件损伤;要注意旋转部件,以免被压伤。无论发动机是否运转,空调系统一直处于带压状态。决不可对已充注制冷剂的系统加热。

④当放空系统时,必须带护目镜,即使歧管压力表的读数为零时,也应采取预防措施,缓慢地拆卸零部件。

⑤维修场地禁止吸烟或有其他火源出现,因为制冷剂遇热发生反应,吸入后会导致人身伤亡。空调系统必须在发动机启动后方可使用。发动机停止后,应将电源开关断开,以免过多的消耗电能。空调系统使用时,通常采用高挡降温,中、低挡维持空调运行。

⑥在春季、秋季或冬季,空调系统如不使用,必须每隔一周启动运转5 min左右,以防止系统内运动部件因长期不用而锈蚀。空调制冷系统补充冷冻油时,冷冻油选型应按说明书要求选购,注意切不可把两种型号冷冻油混用。

(3)维护及保养

为了获得空调系统的最佳使用性能,保证安全、可靠、延长系统的使用寿命,定期的维护保养是十分必要和重要的。

表 3.15 空调系统的维护与保养

项目		方法	保养周期				
			每日	每周	每月	每季	每年
制冷系统	制冷剂状态	从视液镜观察液体流动状态		△			
	管路	软管有无破裂、损伤				△	
		各接头是否泄漏				△	
		各固定卡箍是否松脱损坏			△		
压缩机	冷冻油	更换冷冻油(按说明书中型号)					△
	皮带	皮带紧张度和有无磨损			△		
	压缩机支架	是否完好,固定是否可靠			△		
冷凝器	冷凝器芯体	是否清洁,是否损坏		△			
	冷凝器前面	是否有异物				△	
	冷凝器支架	是否松动、损坏		△			
蒸发器	蒸发器支架	是否损坏,是否可靠			△		
	循环风进口	是否通风顺利			△		
	风机电机	是否完好,接触是否良好					△
电气	接插件	是否良好				△	
	电磁离合器	是否正常吸合			△		
	控制开关	是否能正常工作			△		

实操任务单

编号:ZS-03-10

系别:________ 专业:________ 班级:________

学习情境名称:电器系统

能力目标	1. 了解电器系统的结构、作用 2. 了解电器仪表盘的各种仪表及显示范围和正常数值 3. 熟悉空调系统的原理和保养方法
准备	徐工 ZL50 的装载机 1 台,装载机操作手册,熟悉操作流程
内容	1. 装载机上的电器系统是怎样构成的 2. 装载机的蓄电池应该如何保养 3. 装载机的仪表盘有哪些仪表,分别表示哪些物理量,其仪表的正常数值应该是多少 4. 装载机空调的工作原理是什么 5. 空调系统应该如何保养

续表

评分标准	每题10分
评价： 1. 自评 2. 互评 3. 教师评价 考核结果(等级)： 教师：________ 年 月 日	

3.11 装载机常见故障与排除

3.11.1 传动系统的常见故障排除

传动系统的常见故障及排除见表3.16。

表3.16 传动系统的常见故障及排除

编号	故障特征	原 因	排除方法
(一)	各挡变速压力均低	1. 变速箱油底油位过低 2. 主油道漏油 3. 变速箱滤油器堵塞 4. 变速泵失效 5. 变速操纵阀调压阀弹簧调整不当 6. 变速操纵阀调压阀弹簧失效 7. 变速操纵阀调压阀或蓄能器活塞被卡	1. 加油到规定油位 2. 检查主油道 3. 清洗或更换滤油器 4. 拆开检查或更换变速泵 5. 按规定重新调整 6. 更换调压阀弹簧 7. 拆检并消除卡的现象
(二)	某个挡变速压力低	1. 该挡活塞密封环损坏 2. 该油路中密封圈损坏 3. 该挡油道漏油	1. 更换密封环 2. 更换密封圈 3. 检查漏油处并予以排除

续表

编号	故障特征	原　因	排除方法
（三）	变矩器油温过高	1. 变速箱油底油位过低 2. 变速箱油底油位过高 3. 变速压力低离合器打滑 4. 变矩器油散热器堵塞 5. 变矩器连续高负荷工作时间过长	1. 加油到规定油位 2. 放油到规定油位 3. 见(一)、(二) 4. 清洗或更换散热器 5. 应适当停车冷却
（四）	发动机高转速车开不动	1. 变速操纵阀的切断阀阀杆不能回位 2. 未挂上挡 3. 变速操纵阀调压阀弹簧折断 4. 见(一)的1、2、3	1. 拆检切断阀找出不能回位的原因，并予以排除 2. 重新挂挡或调整变速操纵杆 3. 更换调压弹簧 4. 见(一)的1、2、3、4
（五）	驱动力不足	1. 变速压力过低 2. 变速油温过高 3. 变矩器叶轮损坏 4. 大超越离合损坏 5. 发动机输出功率不足	1. 参看(一)、(二) 2. 参看(三) 3. 拆检变矩器并更换叶轮 4. 拆检大超越离合器并更换 5. 检修发动机
（六）	变速箱油位增高	1. 转向泵轴端串油 2. 工作液压系统工作泵轴端串油	1. 更换转向泵轴端油封 2. 更换工作泵轴端油封

3.11.2　制动系统的常见故障及排除

制动系统的常见故障及排除见表3.17。

表3.17　制动系统的常见故障及排除

编号	故障特征	原　因	排除方法
（一）	脚制动力不足	1. 夹钳上分泵漏油 2. 制动液压管路中有空气 3. 刹车气压过低 4. 加力器皮碗磨损 5. 轮毂漏油到刹车盘上 6. 刹车片已磨损到极限	1. 更换分泵矩形密封圈 2. 进行放气 3. 检查气泵控制阀、储气罐及管路密封性 4. 更换皮碗 5. 检查或更换轮毂油封 6. 更换刹车片
（二）	刹车后挂不上挡（变速压力表不指示）	1. 制动阀推杆位置不对 2. 制动阀回位弹簧失效或损坏 3. 制动阀活塞杆卡住 4. 没有压缩空气进入变速操纵阀	1. 重新调整推杆位置 2. 检查或更换回位弹簧 3. 拆检制动阀活塞杆及鼓膜 4. 检查紧急制动阀
（三）	停车制动器不能正常松开	1. 制动阀推杆位置不对，活塞杆被卡住及回位弹簧失效或折断 2. 加力器动作不良 3. 夹钳上分泵活塞不能回位	1. 见(二) 2. 检查加力器 3. 检查或更换矩形密封圈

续表

编号	故障特征	原　因	排除方法
(四)	停车后空气罐压力迅速下降(30 min气压下降超过0.1 MPa)	1. 气制动阀进气门被赃物卡住或损坏 2. 管接头松动或管路破裂 3. 空气罐进气口单向阀不密封或压力控制器不密封	1. 连续制动几次吹掉赃物或更换阀门 2. 拧紧接头或更换刹车管 3. 检查不密封原因必要时更换
(五)	刹车气压表压力上升缓慢	1. 管接头松动 2. 空压机工作不正常 3. 油水分离器放油螺塞未关紧 4. 制动阀进气阀门或鼓膜不密封 5. 压力控制器放气	1. 拧紧管接头 2. 检查空压机工作情况 3. 重新关紧 4. 检查并清洗制动阀内部找出不密封原因并予以排除 5. 清洗放气孔检查止回阀及鼓膜不密封原因并予以排除
(六)	紧急及停车制动力不足	1. 制动鼓与制动蹄片间隙过大 2. 刹车片上有油	1. 按使用要求重新调整 2. 清洗干净刹车片

3.11.3　工作液压系统

工作液压系统常见故障及排除见表3.18。

表3.18　工作液压系统常见故障及排除

编号	故障特征	原　因	排除方法
(一)	动臂提升力不足或转斗提升力不足	1. 油缸油封磨损或损坏 2. 分配阀过度磨损,阀杆与阀体配合间隙超过规定值 3. 管路系统漏油 4. 工作泵严重内漏 5. 安全阀调整不当,系统压力偏低 6. 吸油管及滤油器堵塞	1. 换油封 2. 拆检并修复,使间隙达到规定值或更换分配阀 3. 找出漏油处并予以排除 4. 更换工作泵 5. 将系统压力调整至规定值 6. 清洗吸油管及滤油器并换油
(二)	发动机高转速时,转斗或动臂提升缓慢	1. 见(一) 2. 双作用安全阀卡死	1. 见(一) 2. 拆开双作用安全阀检查

3.11.4　转向液压系统

转向液压系统常见故障及排除见表3.19。

表 3.19　转向液压系统常见故障及排除

编号	故障特征	原　因	排除方法
（一）	转向费力	1. 油温太低 2. 先导油路堵塞 3. 先导油路连接不对 4. 转向泵压力低 5. 全液压转向器计量马达部分螺栓拧得太紧	1. 升温后工作 2. 清洗先导油路 3. 按规定连接管路 4. 按规定调节溢流阀块压力 5. 将螺栓放松
（二）	车子转向不平稳	流量控制阀动作不灵活	检修或更换流量控制阀
（三）	车子左右转向都慢	1. 调压阀渗漏 2. 转向泵流量不足 3. 流量放大阀阀杆移动不到头	1. 检修或更换调压阀 2. 检修或更换转向泵 3. 调整先导油路压力或更换弹簧
（四）	车子一边转向快一边转向慢	流量放大阀两端调整垫片个数不对	按规定调整阀杆垫片个数
（五）	转向阻力小时转向正常，阻力大时转向慢	1. 主油路溢流阀阀座渗漏大 2. 调压阀渗漏大	1. 检修阀座或更换密封圈 2. 检修或更换调压阀及密封圈
（六）	转动方向盘车子不转向	1. 转向器有故障 2. 先导油路溢流阀（或减压阀）有毛病 3. 主油路溢流阀有毛病	1. 检修或更换转向器 2. 检修先导油路溢流阀（或减压阀） 3. 检修主油路溢流阀
（七）	司机不操作车子自传	1. 流量放大阀阀杆回不到中位 2. 流量放大阀固定螺栓过紧 3. 流量放大阀端盖螺栓过紧 4. 流量放大阀阀杆和阀孔配合不当	1. 检修阀杆和复位弹簧 2. 将螺栓放松 3. 将螺栓放松 4. 检修或更换阀杆
（八）	司机不操作方向盘自传	1. 全液压转向器阀套卡死 2. 全液压转向器弹簧片断	1. 清除阀内异物 2. 更换弹簧片
（九）	车子高速运转时转向太快	1. 流量控制阀调整不对 2. 流量控制阀大阀阀杆动作不灵 3. 流量控制阀大阀阀杆两端计量孔被堵或孔位置不对	1. 按规定调整垫片 2. 检修或更换阀杆 3. 清洗或更换阀杆
（十）	转向泵噪声大，转向缸动作缓慢	1. 转向油路内有空气 2. 转向泵磨损，流量不足 3. 油的黏度不够 4. 液压油不够 5. 控制油路溢流阀（减压阀）的调定压力不对 6. 转向油缸内漏	1. 发动车子，多次左、右转向 2. 更换转向泵 3. 按正确牌号换油 4. 加足液压油 5. 按规定调整控制油路溢流阀（减压阀） 6. 检修油缸或更换密封件

3.11.5　电气系统

电气系统常见故障及排除见表3.20。

表3.20　电气系统常见故障及排除

编号	故障特征	原　因	排除方法
一	发电机不发电或发出电压低	1. 整流子有油污或磨损 2. 剩磁线圈断路 3. 剩磁消失 4. 发电机皮带过松	1. 用干净布沾汽油擦洗或用00砂布打平 2. 检查外部磁场和用灯泡检查励磁回路 3. 充磁或更换新的发电机 4. 重新调整
二	发电机过热	1. 轴承磨损或缺润滑油 2. 整流子或电枢线圈内短路	1. 换轴承或加润滑油 2. 拆开发电机检查整流子和电枢线圈并排除短路的地方
三	蓄电池不充电或充电电流过小	1. 发电机磁场线圈短路或开路 2. 发电机正极连线脱落 3. 蓄电池连线过松或脱落 4. 发电机传动皮带过松	1. 发电机磁场连线应完好，磁场线圈电阻约20 Ω 2. 接通电锁，不发动，则发电机"+"极应有24 V电压 3. 目测观察并紧固 4. 目测观察并张紧
四	蓄电池充电电流长时间过大	1. 蓄电池亏电严重 2. 蓄电池有一、二格短路损坏 3. 发电机负极接地线松脱	开动发电机后，用万用表检查发电机蓄电池电压，如充电电流过大而电压在25 V以下，则为蓄电池问题。如发电机"+"极电压在30 V以上，应检查发电机"-"极接地是否正常，将电压表负极接地，正极接发电机负极，如果电压表显示有电压，则为地线开路。否则为发电机内部问题
五	电传感仪表无指示	1. 仪表损坏 2. 传感器损坏 3. 发电机或蓄电池有问题	1. 更换仪表 2. 更换传感器 3. 检查发电机或蓄电池的端电压是否正常
六	发动机无法启动或启动困难	1. 蓄电池损坏或电不足 2. 电锁损坏 3. 线路接触不良或断路 4. 启动电机电磁开关或拨叉损坏 5. 启动电机转子烧毁 6. 主电源继电器、启动继电器或挡位、启动连锁继电器损坏 7. 润滑油太稠	1. 换新的蓄电池或充电 2. 更换电锁 3. 检查修复 4. 检查线圈是否完好、触点是否平整、拨叉是否运动自如、弹簧是否拉断以及是否剔齿等现象并予修复 5. 更换启动电机 6. 更换继电器 7. 更换润滑油
七	发电机不熄火	1. 线路接触不良或断路 2. 熄火继电器损坏 3. 熄火电磁铁损坏	1. 检查修复 2. 更换熄火继电器 3. 更换熄火电磁铁

续表

八	灯具不亮	线路故障	检查开关、保险丝、灯泡及线路等并且更换或修复
九	仪表指示至最大量程	仪表接地线松脱	重新紧固或连接好地线

实操任务单

编号:ZS-03-11

系别:________________ 专业:________________ 班级:________________

学习情境名称:装载机常见故障与排除

能力目标	1. 学习后要知道装载机的原理和各总成的结构 2. 根据实际情况分析故障 3. 学会查手册和上网搜索故障原因并分析诊断 4. 培养综合能力
准备	徐工 ZL50 的装载机 1 台,装载机操作手册,工程机械维修工实用技术手册
内容	1. 当出现柴油机在工作时突然自行停机应怎么处理 2. 柴油机刚启动时,为什么不能加大油门 3. 柴油机早期磨损的原因主要有哪些 4. 产生拉缸故障的原因是什么,如何预防 5. 柴油机水箱中怎么会有油 6. 延长柴油机机油寿命的方法是什么 7. 柴油机游车的原因是什么 8. 柴油机“开锅”的原因是什么,怎么预防 9. 柴油高压油管断裂的原因有哪些,怎样预防 10. 装载机变速箱各挡变速油压均低的原因及排除方法是什么 11. 变矩器油温过高的原因和排除方法是什么 12. 装载机某个挡位变速油压低的原因及排除方法是什么 13. 变速箱液力传动油出现大量泡沫装载机行走无力的原因是什么 14. 新维修的变速箱,各挡压力正常、无异响,但只有倒挡,无Ⅰ、Ⅱ挡的原因是什么 15. 驱动桥主减速器为什么会出现打齿现象 16. 装载机行走时,出现时走时不走,即冷车走,热车不走,这是为什么 17. 变速箱压力正常,Ⅰ挡和倒挡都不能行走,只有Ⅱ挡可以正常行驶,这是为什么 18. 装载机作业时,为什么铲斗提升不到位且翻转无力 19. 动臂提升正常,但铲斗翻转缓慢、无力的原因是什么 20. 铲斗(动臂)自动下落的原因及排除方法是什么 21. 装载机铲装作业时,为什么铲斗稍遇到阻力就自动上翻 22. 工作泵运行噪声大的原因是什么 23. 为什么工作泵容易炸裂或工作液压系统高压软管容易爆裂 24. 工作液压油窜入变速箱油底壳的原因是什么

续表

<table>
<tr><td rowspan="22">内容</td><td>25. 分配阀换向滑阀操纵手柄过重的原因是什么</td></tr>
<tr><td>26. 液压油箱喷油的原因是什么</td></tr>
<tr><td>27. 液压助力转向系统转向时，方向盘沉重的原因有哪些</td></tr>
<tr><td>28. 液压助力转向系统中，方向盘空行程太大的原因及排除方法是什么</td></tr>
<tr><td>29. 液压助力转向系统中，转向缓慢无力的原因及排除方法是什么</td></tr>
<tr><td>30. 液压助力转向系统中，液压油从方向盘中溢出的原因及排除方法是什么</td></tr>
<tr><td>31. 全液压转向系统转向沉重的原因及排除方法是什么</td></tr>
<tr><td>32. 全液压转向失灵的原因及排除方法是什么</td></tr>
<tr><td>33. 流量放大转向时，一边转向快一边转向慢的原因及排除方法是什么</td></tr>
<tr><td>34. 全液压转向时，方向盘产生自传的原因及排除方法是什么</td></tr>
<tr><td>35. 全液压转向器中方向盘自行摆振的原因是什么</td></tr>
<tr><td>36. 制动系统气压上升缓慢的原因及排除方法是什么</td></tr>
<tr><td>37. 柴油机停止工作后，制动系统气压下降迅速的原因及排除方法是什么</td></tr>
<tr><td>38. 制动系统气压过高的原因及排除方法是什么</td></tr>
<tr><td>39. 装载机制动后挂不上挡，装载机无法行走的原因是什么</td></tr>
<tr><td>40. 制动液消耗过量的原因和排除方法是什么</td></tr>
<tr><td>41. 制动时制动盘处发出尖叫声，并伴有制动器过热现象，这是为什么</td></tr>
<tr><td>42. 电流表不指示充电状态，电气系统充电不足或不充电的原因及排除方法是什么</td></tr>
<tr><td>43. 充电电流过大的原因及排除方法是什么</td></tr>
<tr><td>44. 发电机过热的原因及排除方法是什么</td></tr>
<tr><td>45. 发电机出现异响的原因是什么</td></tr>
<tr><td>46. 电气系统经常烧灯泡的原因及排除方法是什么</td></tr>
<tr><td>评分标准</td><td>每题 10 分</td></tr>
<tr><td colspan="2">评价：
1. 自评

2. 互评

3. 教师评价

考核结果（等级）：

教师：________
年　　月　　日</td></tr>
</table>

第2篇 挖掘机

第4章 挖掘机的安全操作规程

挖掘机是一种多用途土石方施工机械，它是用铲斗上的斗齿切削土壤并将其装入斗内，装满土后提升铲斗并回转到卸土地点卸土，然后再使转台回转、铲斗下降到挖掘面，进行下一次挖掘。挖掘机主要进行土石方挖掘、装载，还可进行土地平整、修坡、吊装、破碎、拆迁、开沟等作业。据统计，工程施工中约60%土石方量是靠挖掘机完成的。

4.1　挖掘机的总体结构和工作原理

4.1.1　挖掘机简介

(1)挖掘机的主要组成

挖掘机主要由动力装置、行走装置、回转装置、工作装置及液压系统、电气系统及辅助设备等组成。挖掘机通常为全回转式,以回转支承为界,可将单斗液压挖掘机分为上车部分和下车部分。发动机、工作装置、液压系统、电气系统、驾驶室等辅助设备都安装在可回转的平台上,通常称为上车部分;将行走装置等称为下车部分。柴油机为其行走装置、回转装置和工作装置等提供动力。行走装置支撑挖掘机的整机质量并完成行走任务,多采用履带式和轮胎式。

工作装置用来直接完成挖掘任务,包括动臂、斗杆、铲斗和连杆机构等。

回转装置使上车部分向左或向右回转,以便进行挖掘和卸料。单斗液压挖掘机的回转装置必须能把转台支撑在车架上,不能倾斜并使回转轻便灵活。因此,单斗液压挖掘机设有回转支撑装置(起支撑作用)和回转传动装置(驱动转台回转),它们被统称为回转装置。液压系统将发动机输出的动力传递给工作装置和行走装置。液压挖掘机电气控制系统主要是对发动机、液压泵、主阀和执行元件(液压缸、液压马达)的一些温度、压力、速度、开关量的检测并将有关检测数据输入给挖掘机的专用控制器,控制器综合各种测量值、设定值和操作信号发出相关控制信息,对发动机、液压泵、液压控制阀和整机进行控制。除此以外,挖掘机还有燃油箱、液压油箱、驾驶室、空调等辅助设备。

(2)挖掘机的类型

挖掘机可按尺寸大小、用途、动力装置、行走装置、工作装置、作业过程等方面进行分类。

1)按尺寸大小分类

操作质量小于20 t的,称为小型挖掘机;操作质量在20 ~ 59 t的,称为中型挖掘机;操作质量在60 t及以上的,称为大型挖掘机。

2)按用途分类

按用途分为建筑型挖掘机、采矿型挖掘机(专用型)、剥离型挖掘机、隧道挖掘机。

3)按动力装置分类

按动力装置分为电动机驱动式、内燃机驱动式、复合型驱动式(柴油机-电力驱动、柴油机-液力驱动、柴油机-气力驱动、电力-液力驱动、电力-气力驱动)等。

4)按传动方式分类

按传动方式分为机械传动、半液压传动、全液压传动。

5)按行走装置分类

按行走装置分为履带式、轮胎式。

6)按工作装置分类

①正铲挖掘机

当铲斗置于停机面开始挖掘时,其斗口朝外(前),它适合挖停机面以上的工作面,对于液压操纵的正铲挖掘机可以挖停机面以下的工作面。

②反铲挖掘机

当铲斗置于停机面开始挖掘时,其斗口朝内(后或下),工作过程中,铲斗向内转动,它适合挖停机面以下的工作面,对于液压操纵的反铲挖掘机可挖停机面以上的工作面。

③拉铲挖掘机

其铲斗是由钢索悬吊和操纵的。铲斗在拉向机身时进行挖掘,适合开挖停机面以下的工作面,其卸土是采用抛掷卸土的方式。

④抓斗(铲)挖掘机

工作装置是一种带双瓣或多瓣的抓斗,对于机械操纵挖掘机,它用提升索悬挂在动臂上,斗瓣的开闭由闭合索来实现。抓斗挖掘机也有液压操纵的抓斗。

7)按工作装置的操纵方式分类

按工作装置的操纵方式,可分为机械-钢索操纵式;机械-液压综合式,机械-气压综合式,全液压式。

8)按作业过程分类

按作业过程可分为单斗挖掘机(周期作业)和多斗挖掘机(连续作业)。

①单斗挖掘机

单斗挖掘机是以一个铲斗进行挖掘作业的机械,是目前挖掘机中重要的品种。多斗挖掘机是一种由若干个挖斗连续循环进行挖掘作业的挖掘机械,主要用于Ⅳ级以下土壤中挖取土方或开挖沟渠、剥离采料场或露天矿场上的浮土、修理坡道以及装卸松散物料等作业。

②多斗挖掘机

多斗挖掘机可分为链斗式多斗挖掘机和轮斗式多斗挖掘机。链斗式多斗挖掘机是将挖斗连接在挠性构件(斗链)上。轮斗式多斗挖掘机是将轮斗固定在刚性构件(斗轮)上,以刚性斗轮取代斗链,斗轮装在动臂端部,动臂长度和倾角可调,转台可旋转,能挖出多种多样的掌子面。

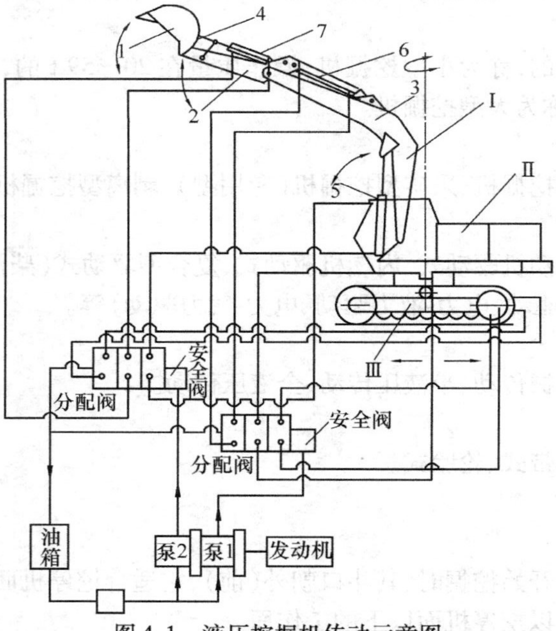

图 4.1　液压挖掘机传动示意图

1—铲斗;2—斗杆;3—动臂操纵台;4—连杆;5—动臂油缸;6—斗杆油缸;7—铲斗油缸;Ⅰ—挖掘装置;Ⅱ—回转装置;Ⅲ—行走装置

(3)挖掘机的传动路线

单斗液压挖掘机的传动系统将柴油机的输出动力通过液压系统传递给行走机构、回转装置和工作装置等。单斗液压挖掘机的液压系统通常采用双泵双回路变量系统。如图 4.1 所示,柴油机驱动两个油泵,把高压油送到两个分配阀,操纵分配阀将高压油再送往有关执行元件(液压缸或液压马达)驱动相应的机构工作。

4.1.2　挖掘机的总体结构

(1)挖掘机的总体结构

单斗式液压挖掘机的总体结构包括动力装置、工作装置、回转机构、操作机构、传动系统、行走机构及辅助设备,如图 4.2 所示。

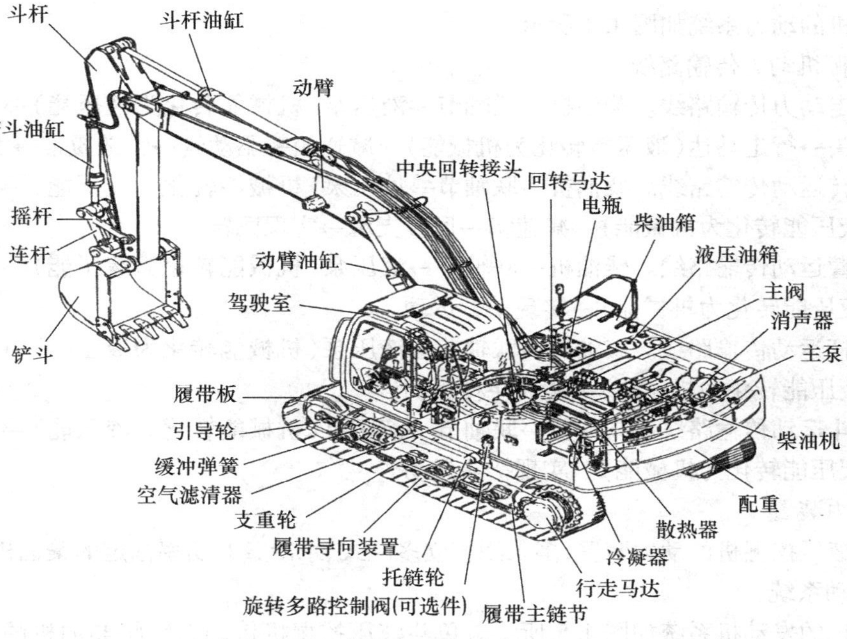

图 4.2　挖掘机的总体结构

常用的全回转式液压挖掘机的动力装置、传动系统的主要部分、回转机构、辅助设备和驾驶室等都安装在可回转的平台上,通常称为上部转台,因此又可将单斗液压挖掘机概括成工作装置、行走机构和上部转台 3 部分。

①工作装置。

动臂、斗杆、铲斗、液压油缸、连杆、销轴及管路。

②行走机构。

履带架、履带、引导轮、支重轮、托轮、终传动及张紧装置。

③上部转台。

发动机、减振器主泵、主阀、驾驶室、回转机构、回转支承、回转接头、转台、液压油箱、燃油箱、控制油路、电器部件及配重。

挖掘机是通过柴油的化学能装换为机械能,由液压柱塞泵把机械能装换成液压能,通过液压系统把液压能分配到各执行元件(液压油缸、回转马达、行走马达),由各执行元件再把液压能转化为机械能,实现工作装置的运动、回转平台的回转运动、整机的行走运动。挖掘机的工作程序如图 4.3 所示。

图 4.3　挖掘机的工作程序

(2)挖掘机动力系统

挖掘机的动力系统如图 4.4 所示。

1)挖掘机动力传输路线

①行走动力传输路线。柴油机→联轴节→液压泵(机械能转化为液压能)→分配阀→中央回转接头→行走马达(液压能转化为机械能)→减速箱→驱动轮→轨链履带→实现行走。

②回转运动传输路线。柴油机→联轴节→液压泵(机械能转化为液压能)→分配阀→回转马达(液压能转化为机械能)→减速箱→回转支承→实现回转。

③动臂运动传输路线。柴油机→联轴节→液压泵(机械能转化为液压能)→分配阀→动臂油缸(液压能转化为机械能)→实现动臂运动。

④斗杆运动传输路线。柴油机→联轴节→液压泵(机械能转化为液压能)→分配阀→斗杆油缸(液压能转化为机械能)→实现斗杆运动。

⑤铲斗运动传输路线。柴油机→联轴节→液压泵(机械能转化为液压能)→分配阀→铲斗油缸(液压能转化为机械能)→实现铲斗运动。

2)动力装置

单斗液压挖掘机的动力装置,多采用直立多缸式、水冷、1 h 功率标定的柴油机。

3)传动系统

挖掘机的发动机系统如图 4.5 所示。单斗液压挖掘机传动系统将柴油机的输出动力传递给工作装置、回转装置和行走机构等。单斗液压挖掘机用液压传动系统的类型很多,习惯上按主泵的数量、功率的调节方式和回路的数量来分类,有单泵或双泵单回路定量系统、双泵双回路定量系统、多泵多回路定量系统、双泵双回路分功率调节变量系统、双泵双回路全功率调节变量系统、多泵多回路定量或变量混合系统 6 种。按油液循环方式分为开式系统和闭式系统。按供油方式分为串联系统和并联系统。

凡主泵输出的流量是定值的液压系统为定量液压系统;反之,主泵的流量可以通过调节系统进行改变的则称为变量系统。在定量系统中各执行元件在无溢流情况下是按油泵供给的固定流量工作,油泵的功率按固定流量和最大工作压力确定;在变量系统中,最常见的是双泵双回路恒功率变量系统,有分功率变量与全功率变量之分。分功率变量调节系统是在系统的每个回路上分别装一台恒功率变量泵和恒功率调节器,发动机的功率平均分配给各油泵;全功率调节系统是由一个恒功率调节器同时控制系统中的所有油泵的流量变化,从而达到同步变量。

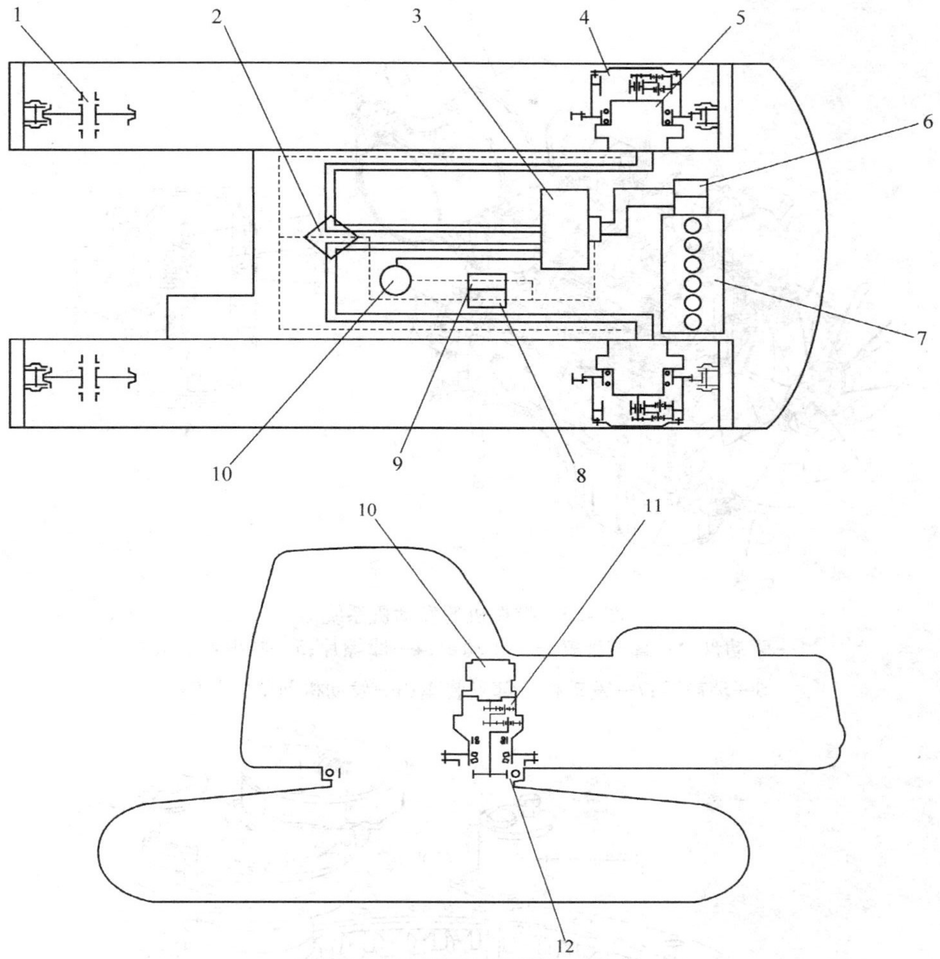

图4.4　挖掘机的动力系统

1—引导轮;2—中心回转接头;3—控制阀;4—终传动;5—行走马达;6—液压泵;
7—发动机;8—行走速度电磁阀;9—回转制动电磁阀;10—回转马达;
11—回转机构;12—回转支承

开式系统中执行元件的回油直接流回油箱,其特点是系统简单、散热效果好。但油箱容量大,低压油路与空气接触机会多,空气易渗入管路造成振动。单斗液压挖掘机的作业主要是油缸工作,而油缸大、小油腔的差异较大、工作频繁、发热量大,因此绝大多数单斗液压挖掘机采用开式系统;闭式回路中的执行元件的回油路是不直接回油箱的,其特点是结构紧凑,油箱容积小,进回油路中有一定的压力,空气不易进入管路,运转比较平稳,避免了换向时的冲击。但系统较复杂,散热条件差。单斗液压挖掘机的回转装置等局部系统中,有采用闭式回路的液压系统的。为补充因液压马达正反转的油液漏损,在闭式系统中往往还设有补油泵。

4)回转机构

回转机构使工作装置及上部转台向左或向右回转,以便进行挖掘和卸料。单斗液压挖掘机的回转装置必须能把转台支撑在机架上,不能倾斜并使回转轻便灵活。为此单斗液压挖掘机都设有回转支撑装置和回转传动装置,它们被称为回转装置,如图4.6所示。

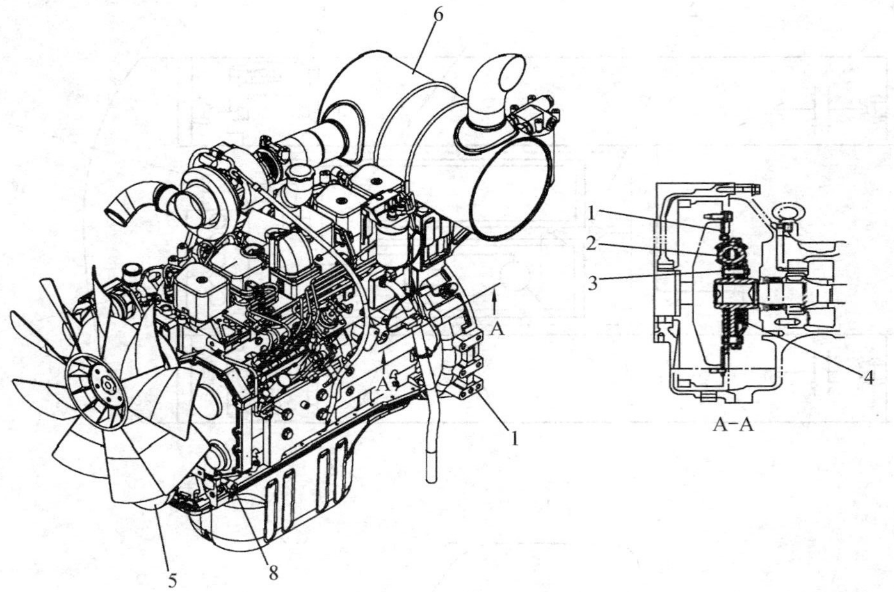

图 4.5　挖掘机的发动机系统

1—驱动盘;2—螺旋弹簧;3—止动销;4—摩擦片;5—减振器总成;

6—消声器;7—发动机后部安装座;8—发动机前部安装座

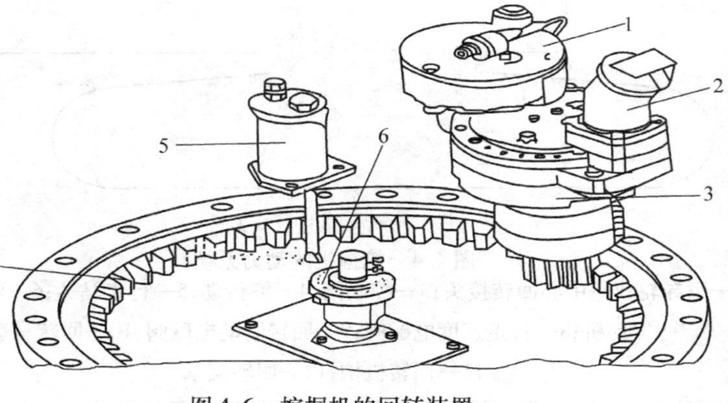

图 4.6　挖掘机的回转装置

1—制动器;2—液压马达;3—行星齿轮减速器;4—回转齿圈;5—润滑油杯;6—中央回转接头

全回转液压挖掘机回转装置的传动形式有直接传动和间接传动两种。

①直接传动。是在低速大扭矩液压马达的输出轴上安装的驱动小齿轮,与回转齿圈啮合。

②间接传动。是由高速液压马达经齿轮减速器带动回转齿圈的间接传动结构形式。它结构紧凑,具有较大的传动比,且齿轮的受力情况较好。轴向柱塞液压马达与同类型的液压油泵结构基本相同,许多零件可以通用,便于制造及维修,从而降低了成本。但必须设制动器,以便吸收较大的回转惯性力矩,缩短挖掘机作业循环时间,提高生产效率。

5)行走机构

行走机构支撑挖掘机的整机质量并完成行走任务,多采用履带式。

6)履带行走机构

单斗液压挖掘机的履带式行走机构的基本结构与其他履带式机构大致相同,但它多采用两个液压马达各自驱动一个履带。与回转装置的传动相似可用高速小扭矩马达或低速大扭矩马达。两个液压马达同方向旋转时挖掘机将直线行驶;若只向一个液压马达供油,并将另一个液压马达制动,挖掘机将绕制动一侧的履带转向;若是左右两个液压马达反向旋转,挖掘机将倒退行驶。

行走机构的各零部件都安装在整体式行走架上。液压泵输入的压力油经多路换向阀和中央回转接头进入行走液压马达,该马达将液压能转变为输出扭矩后,通过齿轮减速器传给驱动轮,最终卷绕履带以实现挖掘机的行走。

单斗液压挖掘机大都采用组合式结构履带和平板型履带——没有明显履刺,虽附着性能差,但坚固耐用,对路面破坏性小,适用于坚硬岩石地面作业,或经常转场的作业。也有采用三履刺型履带,其接地面积较大,履刺切入土壤深度较浅,适宜于挖掘机采石作业。实行标准化后规定挖掘机采用质量轻、强度高、结构简单、价格较低的轧制履带板。专用于沼泽地的三角形履带板可降低接地比压,提高挖掘机在松土地面上的通过能力。

如图 4.7 所示为挖掘机的底盘结构。

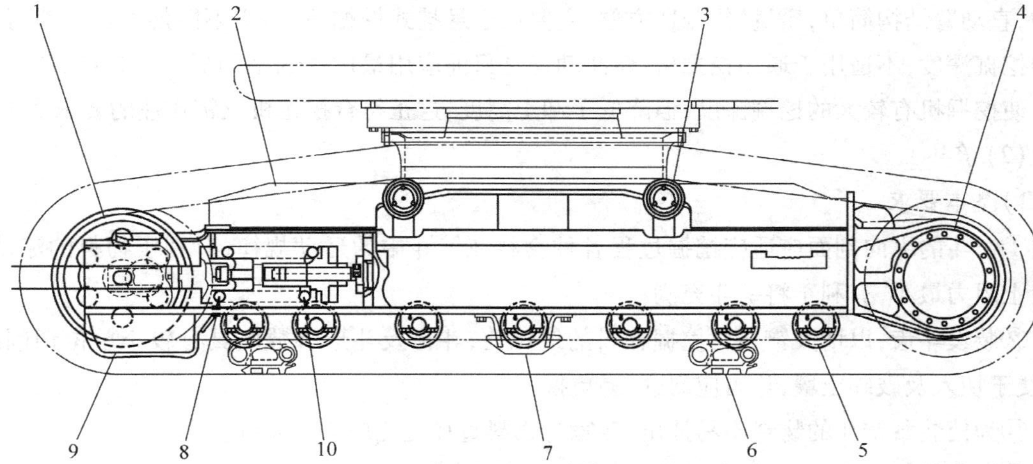

图 4.7　挖掘机的底盘

1—引导轮;2—履带架;3—托链轮;4—终传动;5—支重轮;6—履带板;
7—中心护板;8—张紧弹簧;9—前护板;10—张紧油缸

单斗液压挖掘机的驱动轮均采用整体铸件,能与履带正确啮合、传动平稳。挖掘机行走时,驱动轮应位于后部,使履带的张紧段较短,减少履带的摩擦磨损和功率损耗。

4.1.3　挖掘机的工作装置

(1)反铲工作装置

反铲结构铰接是反铲式单斗液压挖掘机最常用的结构形式,动臂、斗杆和铲斗等主要部件彼此铰接,在液压缸的作用下各部件绕铰接点摆动,完成挖掘提升和卸土等动作。反铲工作装置如图 4.8 所示。

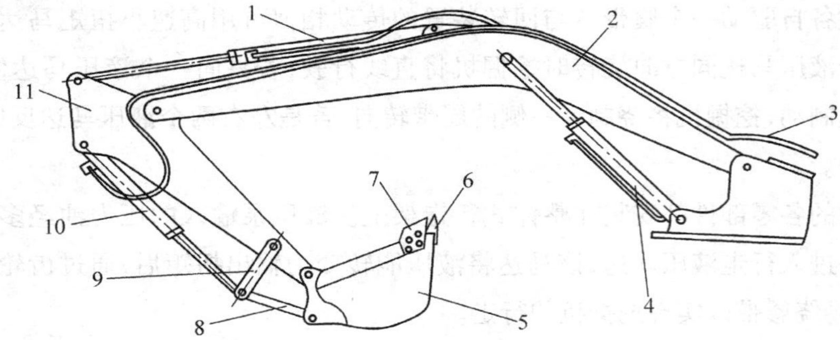

图 4.8　反铲工作装置

1—斗杆油缸;2—动臂;3—液压管路;4—动臂油缸;5—铲斗;6—斗齿;
7—侧齿;8—连杆;9—摇杆;10—铲斗油缸;11—斗杆

动臂是反铲的主要部件,其结构有整体式和组合式两种。

整体式动臂的优点是结构简单,质量轻而刚度大。其缺点是更换的工作装置少,通用性较差,多用于长期作业条件相似的挖掘机上。整体式动臂又可分为直动臂和弯曲动臂两种。其中,直动臂结构简单,质量轻,制造方便,主要用于悬挂式挖掘机,但它不能使挖掘机获得较大的挖掘深度,不适用于通用挖掘机;弯曲动臂是目前应用最广泛的结构形式,与直动臂相比可以使挖掘机有较大的挖掘深度,但降低了卸土高度,这正符合挖掘机反铲作业的要求。

(2)铲斗

1)基本要求

①铲斗的纵向剖面应适应挖掘过程各种物料在铲斗中的运动规律,有利于物料的流动,使装土阻力最小,有利于将铲斗充满。

②装设斗齿,以增大铲斗对挖掘物料的线压比,斗齿及斗形参数应具有较小单位切削阻力,便于切入及破碎土壤,斗齿应耐磨、易更换。

③为使装载铲斗的物料不易掉出,斗宽与物料直径之比应大于 4∶1。

④物料易于卸净,缩短卸载时间,并提高铲斗的容积效率。

2)铲斗结构

用的铲斗形状尺寸与其作业对象有很大关系。为了满足各种挖掘机作业的需要,在同一台挖掘机上可以配置多种形式的铲斗,如图 4.9、图 4.10 所示分别为反用铲斗的基本形式和斗齿结构。铲斗的斗齿采用装配式,其形式有橡胶卡销式和螺栓连接式。铲斗与液压缸连接的结构形式有四连杆机构和六连杆机构。其中,四连杆机构连接方式是铲斗直接与液压缸连接,使铲斗转角较小,工作力矩变化较大;六连杆机构的特点是在液压缸活塞行程相同的条件下,铲斗可以获得较大的转角,并改善机构的传动特性。

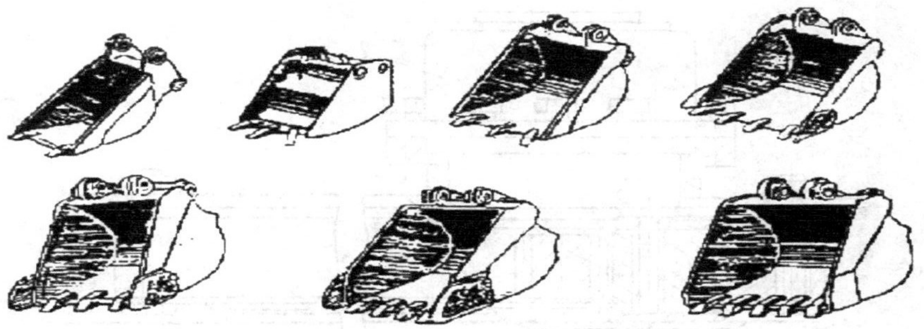

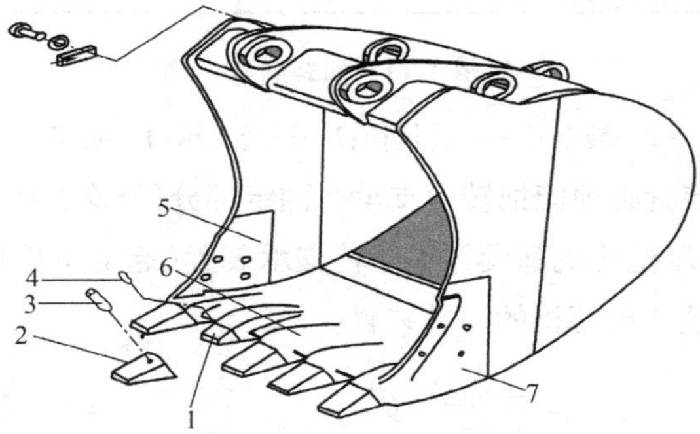

图4.9　反铲斗

1—齿座;2—斗齿;3—橡胶卡销;4—卡销;5、6、7—斗口板

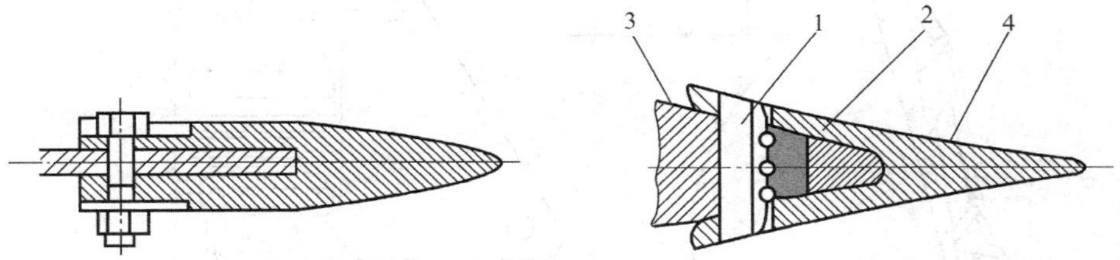

(a)　螺栓连接方式　　　　(b)　橡胶卡销连接方式

图4.10　斗齿结构

1—卡销;2—橡胶卡销;3—齿座;4—斗齿

4.1.4　挖掘机的回转装置

(1)回转装置

上部转台是液压挖掘机3大组成部分之一。在转台上除了有发动机、液压系统、司机室、平衡重、油箱等以外,还有一个很重要的部分——回转装置。液压挖掘机回转装置由转台、回转支承和回转机构组成,如图4.11所示,回转装置的外座圈用螺栓与转台连接,带齿的内座圈与底架用螺栓连接,内外圈之间设有滚动体。挖掘机工作装置作用在转台上的垂直载荷、水平载荷和倾覆力矩通过回转支承的外座圈、滚动体和内座圈转传给底架。回转机构的壳体固定在转台上,用小齿轮与回转支承内座圈上的齿圈相啮合,小齿轮可绕自身轴线旋转,也可绕转台中心线公转,当回传机构工作时就将相对底架进行回转。

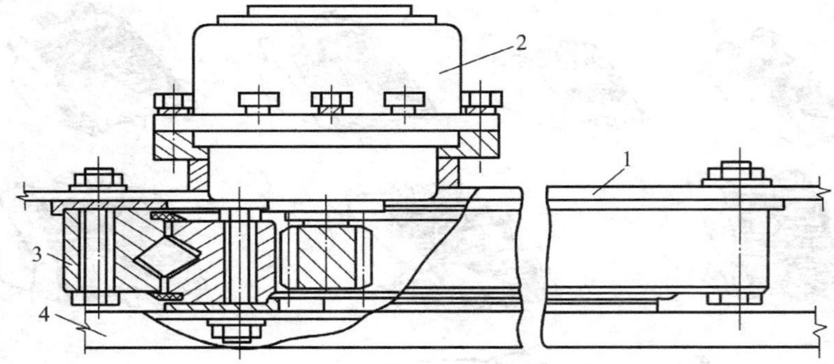

图 4.11　回转装置

1—转台;2—回转机构;3—回转支承;4—底架

液压挖掘机的回转装置必须能把转台支承在固定部分(下车)上。不能倾斜翻倒,并应使回转轻便灵活。为此,液压挖掘机都设置了回转支承装置(起支承作用)和回转传动装置(驱动转台回转),并统称为液压挖掘机的回转装置。

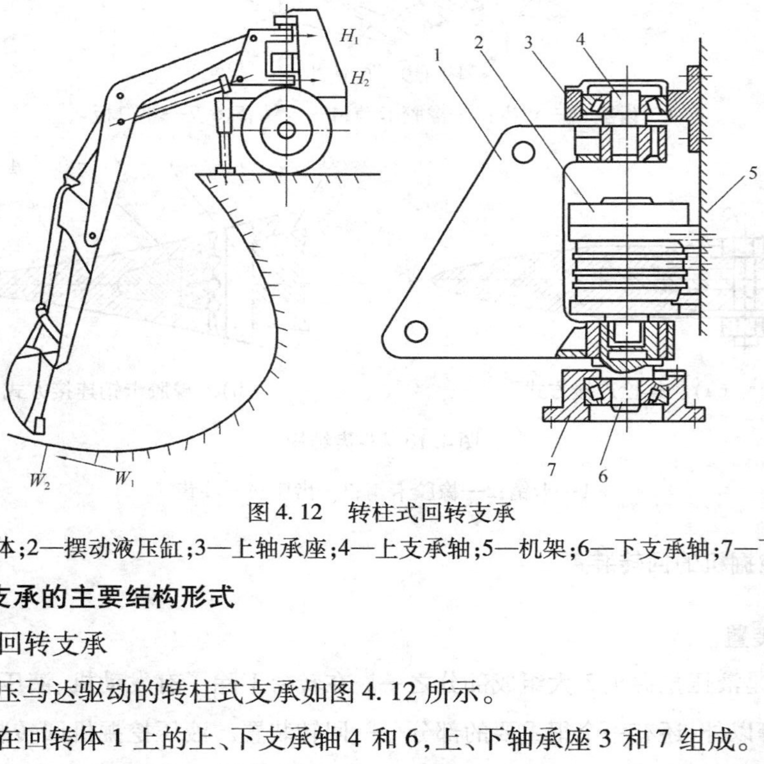

图 4.12　转柱式回转支承

1—回转体;2—摆动液压缸;3—上轴承座;4—上支承轴;5—机架;6—下支承轴;7—下轴承座

(2)回转支承的主要结构形式

1)转柱式回转支承

摆动式液压马达驱动的转柱式支承如图 4.12 所示。

它由固定在回转体 1 上的上、下支承轴 4 和 6,上、下轴承座 3 和 7 组成。轴承座用螺栓固定在机架 5 上。回转体与支承轴组成转柱,插入轴承座的轴承中。外壳固定在机架 5 上的摆动液压缸 2 的输出轴插入下支承轴 6 内,驱动回转体相对于机架转动。回转体常制成"匚"形,以避免与回转机构碰撞。工作装置铰接在回转体上,与回转体一起回转。

2)滚动轴承式回转支承

滚动轴承式回转支承实际上就是一个大直径的滚动轴承。它与普通轴承的最大区别是它的转速很慢。挖掘机的回转速度在 5 ~ 11r/min。此外,一般轴承滚道中心直径和高度比为 4 ~ 5,而回转支承则达 10 ~ 15。因此,这种轴承的刚度较差,工作中要靠支承连接结构来保证。

滚动轴承式回转支承的典型构造如图 4.13 所示。内座圈或外座圈可加工成内齿圈或外齿圈。带齿圈的座圈为固定圈,用沿圆周分布的螺栓 4、5 固定在底座上。不带齿的座圈为回转圈,用螺栓与挖掘机转台连接。装配时可先把座圈 1、3 和滚动体 8 装好,形成一个完整的部件,然后再与挖掘机组装。为保证转动灵活,防止受热膨胀后产生卡死现象,回转支承应留有一定的轴向间隙。此间隙因加工误差和滚道与滚动体的磨损而变化,因此在两座圈之间设有调整垫片 2,装配和修理时可以调整间隙。隔离体 7 用来防止相邻滚动体 8 间的挤压,减少滚动体的磨损,并起导向作用。滚动体可以是滚珠或滚柱。

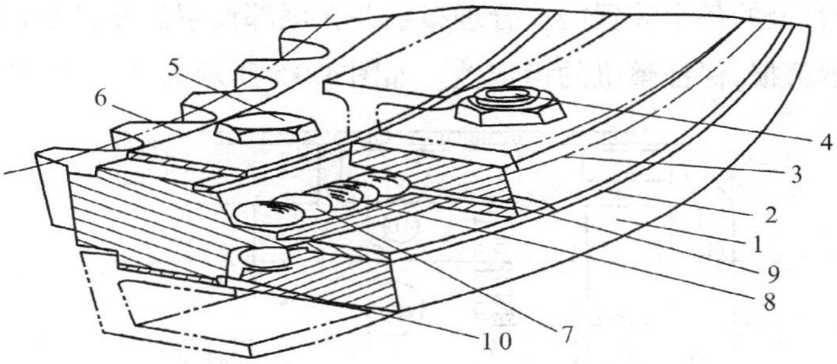

图 4.13　滚动轴承式支承

1—下座圈;2—调整垫片;3—上座圈;4、5—螺栓;6—内齿圈;
7—隔离体;8—滚动体;9—油嘴;10—密封装置

滚动轴承式回转支承机构广泛应用于全回转的液压挖掘机上,它是在普通滚动轴承的基础上发展起来的,结构上相当于放大了的滚动轴承。它与传统的滚动轴承相比,具有尺寸小,结构紧凑,承载能力大,回转摩擦阻力小,滚动体与轨道之间的间隙小,维护方便,使用寿命长,易于实现三化等一系列优点,它与普通滚动轴承相比,又有其特点:普通的滚动轴承的内外座圈之间的刚度依靠轴与轴承座之间的装配来保证,而它则由转台和底架来保证;回转支承的转速低,通常承受轴向载荷,因此轨道上的接触点的循环次数较少。

4.1.5　挖掘机转台的布置

(1)转台结构

转台的主要承载部分是由钢板焊接成的抗扭和抗弯刚度很大的箱形框架结构主梁 3,动臂及其液压缸就支承在主梁的凸耳 1 上。大型挖掘机的动臂支承多用双凸耳,而小型挖掘机多用单凸耳。主梁下有衬板和支承环 2 与回转支承连接,左右侧焊有小框架,作为附加承载部分。

转台支承处应有足够的刚度,以保证回转支承的正常运转,如图 4.14 所示。

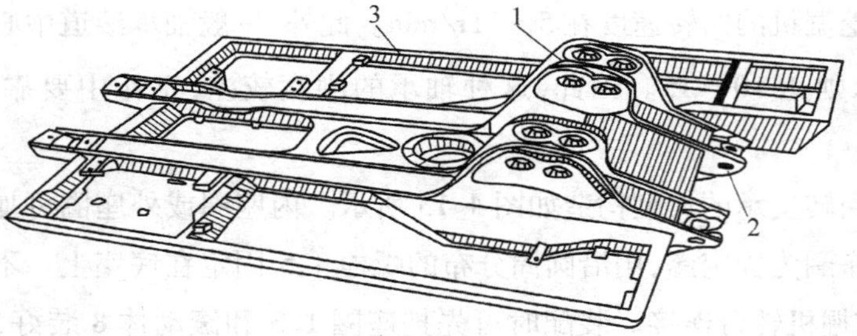

图 4.14　双凸耳式

1—凸耳；2—支承环；3—主梁

(2)转台布置

液压挖掘机工作时转台上部自重和荷载的合力位置也是经常变化的，并偏向载荷方面，为平衡载荷力矩转台上的各个装置需要合理布置并在尾部设置配重，以改善转台下部结构的受力，减轻回转支承磨损，保证整机的稳定性。如图 4.15 所示为 WY160 型挖掘机转台布置。

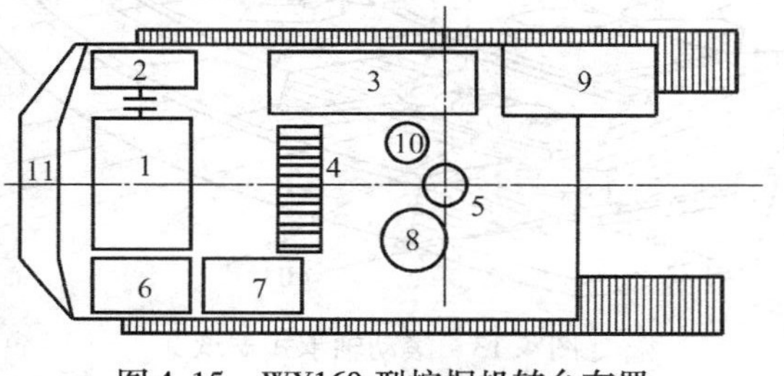

图 4.15　WY160 型挖掘机转台布置

1—发动机；2—液压泵；3—油箱；4—阀组；5—中央回转接头；6—水、油冷却器；7—燃油箱；8—回转机构；9—驾驶室；10—回转润滑装置；11—配重

液压挖掘机的布置原则是左右对称，尽量做到质量均衡，较重的总成、部件靠近转台尾部。此外，还要考虑各个装置工作上的协调、维修方便等。有时转台布置受结构尺寸限制，重心偏离轴线，致使左右履带接地比压不等，影响走架结构强度和挖掘机的行驶能力，此时可通过调整配重的重心来解决。如图 4.16 所示，其中 x 与 x' 分别为转台重心与配重中心偏离轴线值。

确定配重位置的布置原则是使挖掘机重载、大幅度作业时的转台上部合力 F_R 的偏心距 e 与其空载小幅度时的合力 F_R' 的偏心距 e' 大致相等，如图 4.17 所示。

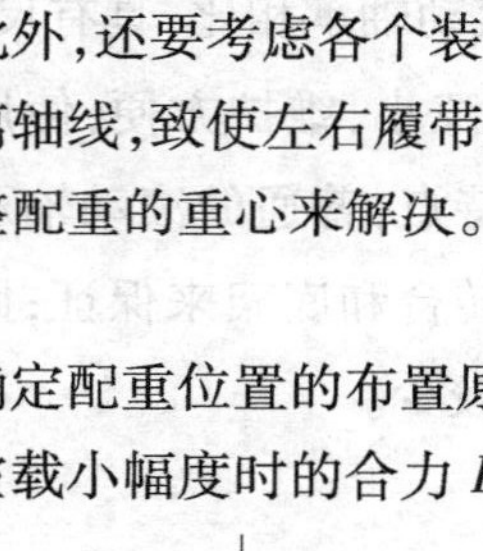

图 4.16　调整配重的横向位置

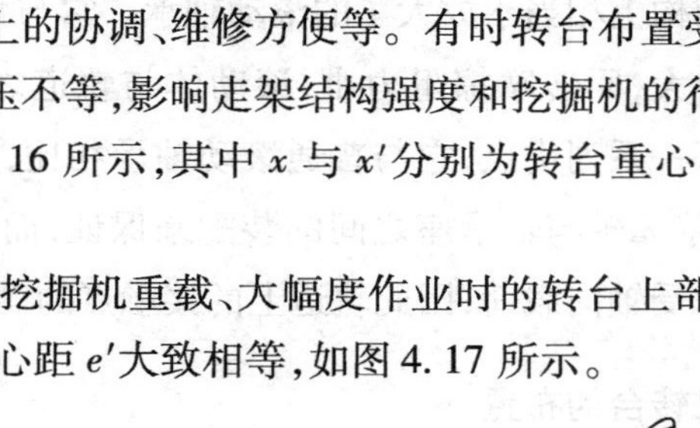

图 4.17　确定配重时的偏距

4.1.6　挖掘机的行走装置

因为行走装置兼有液压挖掘机支承和运行两大功能，因此，液压挖掘机行走装置应尽量满足以下要求：

①应有较大的驱动力，使挖掘机在软湿或高低不平等不良地面上行走时具有良好的通过性能、爬坡性能和转向性能。

②在不增大行走装置高度的前提下，使挖掘机具有较大的离地间隙，以提高其在不平地面上的越野性能。

③行走装置应具有较大的支承面积或较小的接地比压，以提高挖掘机的稳定性。

④挖掘机在斜坡下行时应不发生下滑和超速溜坡现象，以提高挖掘机的安全性。

⑤行走装置的外形尺寸应符合道路运行要求。

液压挖掘机的行走装置，按结构可以分为履带式和轮胎式两大类。

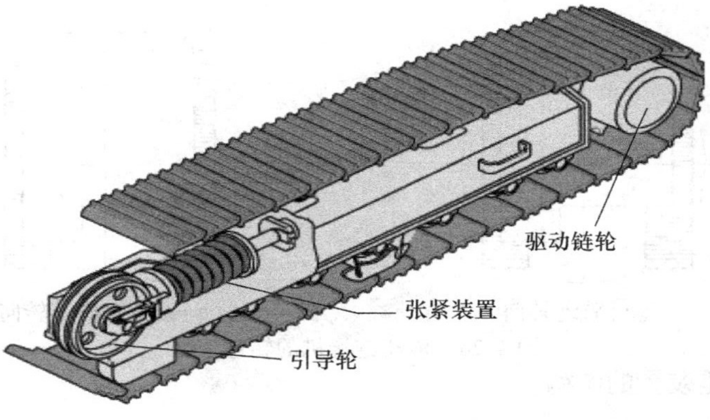

图4.18　履带式行走装置

如图4.18所示为液压挖掘机履带式行走装置。履带式行走装置的特点是驱动力大，接地比压小，因此越野性能和稳定性较好，爬坡能力大且转弯半径小，灵活好用。履带式行走装置在液压挖掘机上应用较普遍。但履带式行走装置制造成本高，运行速度低，运行和转向时消耗功率大，零件磨损快，因此挖掘机长距离运行时需借助于其他运行车辆。

轮胎式行走装置与履带式的相比，优点是运行速度快、机动性能好，运行时不损坏路面，因而在城市建设中很受欢迎。缺点是接地比压大，爬坡能力小，挖掘机作业时需要用专门的支腿支承，以确保挖掘机的稳定性和安全性。

(1)履带式行走装置的组成与工作原理

履带式行走装置有四轮一带(即驱动轮、引导轮、支重轮、托轮以及履带)张紧装置、缓冲装置、行走机构、行走架(包括底架、横梁和履带架)等组成，如图4.19所示。

挖掘机运行时驱动轮在履带的紧边——驱动段及接地段产生一拉力，企图把履带从支重轮下拉出，由于支重轮下的履带与地面之间有足够的附着力，阻止履带的拉出，迫使驱动轮卷动履带，引导轮再把履带铺设在地面上，从而使挖掘机借助支重轮沿着履带轨道向前运行。

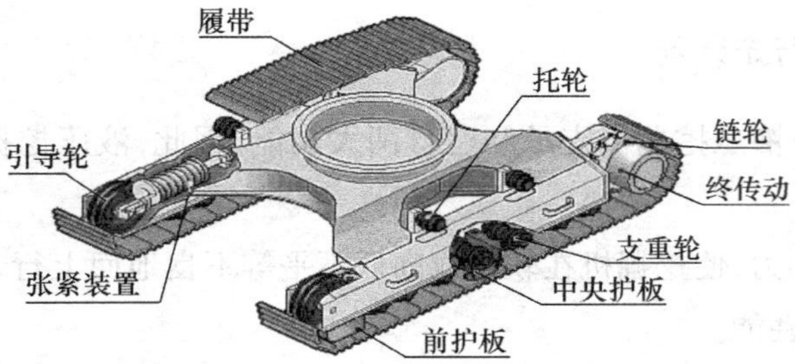

图 4.19　底盘

液压传动的履带行走装置，挖掘机转向时，由于安装在履带上分别有两台液压泵供油的行走马达，因此通过对油路的控制，能很方便地实现转向和就地转弯，以适应挖掘机在各种地面、场地上运动。如图 4.20 所示为液压挖掘机的转弯情况。图 4.20(a)为两个行走马达旋转方向相反，挖掘机就地转向；图 4.20(b)为液压泵仅向一个行走马达供油，挖掘机则绕着一侧履带转向。

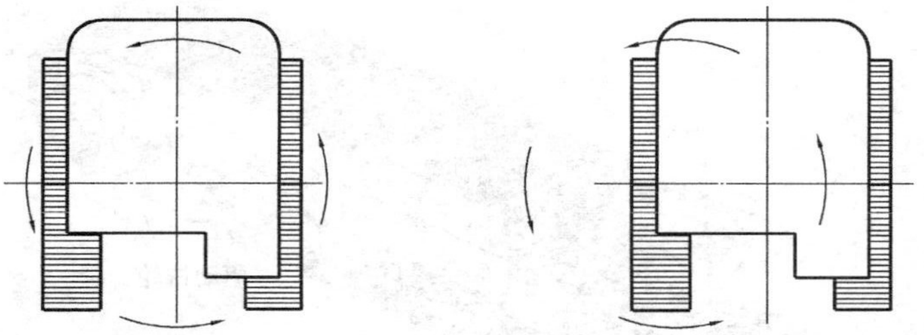

(a)就地转向　　(b)绕一侧履带转向

图 4.20　液压挖掘机的转弯情况

(2)履带式行走装置的结构

1)行走结构

行走架是履带式行走装置的承重骨架，它由底架、横梁和履带架组成，通常用 16Mn 钢板焊接制成底架的连接转台，承受挖掘机上部载荷，并通过横梁传给履带架。按结构形式可分为组合式和整体式两种。组合行走架的底架为框架结构，横梁为工字钢或焊接的箱形梁，插入履带架孔中，履带架通常采用下部敞开的∏形截面，两端呈叉形以便安装驱动轮、引导轮和支重轮。组合式行走架的优点是当需要改变挖掘机的稳定性和降低接地比压时，不需要改变底架的结构就能换装加宽的横梁和加长履带架，从而安装不同长度和宽度的履带。它的缺点是履带架截面削弱较多，刚度较差，并且截面削弱处易产生裂缝。为克服上述缺点，越来越多的液压挖掘机采用整体式行走架，它结构简单，自重轻，刚度大，制造成本低，支重轮直径较小，在行走装置的长度内，每侧可安装 5 ~ 9 个支重轮，这样可使挖掘机上部载荷均匀地传至地面，便于在承能力较低的地面使用，提高行走性能。

2)四轮一带

由履带和驱动轮、引导轮、支重轮、托轮组成的四轮一带，直接关系到挖掘机的工作性能和行走性能，其质量和制造成本约占整机的四分之一。

①履带

挖掘机的履带有整体式和组合式两种。整体式履带是履带板上带啮合齿，直接与驱动轮啮合，履带板本身成为支重轮等轮子的滚动轨道，整体式履带制造方便，连接履带板的销子容易拆装，但磨损较快。目前液压挖掘机上广泛采用组合式履带，它由履带板、链轨节、履带销轴和销套等组成。左右链轨节与销套紧配合连接，履带销轴插入销套有一定的间隙，以便转动灵活，其两端与另两个链轨节孔配合。锁紧履带销与链轨节孔为动配合，便于整个履带的拆装。组合式履带的节距小，绕转性好，使挖掘机行走速度加快；销轴的硬度较高、耐磨，使用寿命长。

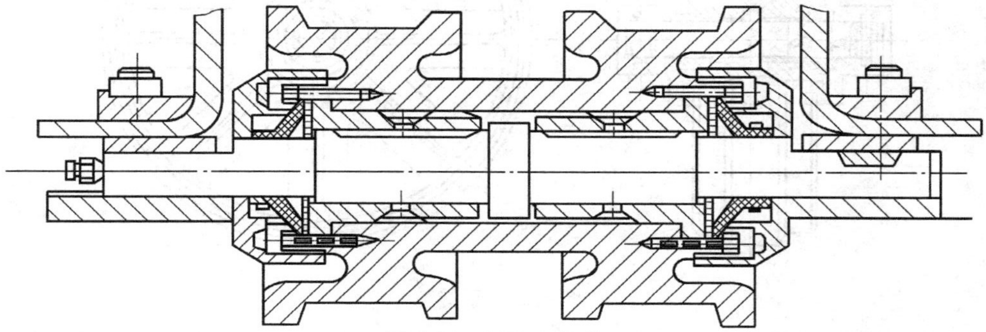

图4.21　双边支重轮

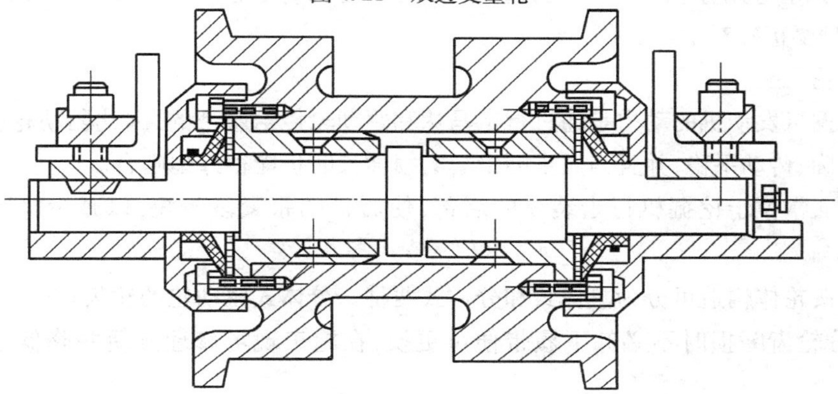

图4.22　单边支重轮

②支重轮和托轮

支重轮的结构如图4.21、图4.22所示，它通过两端轴固定在履带架上。支重轮的轮边凸缘起支持履带的作用，以免履带行走时横向脱落。为了在有限的长度上多安排几个支重轮，往往把支重轮中的几个制成无外凸缘的，并把有无外凸缘的支重轮交替排列。润滑滑动轴承及油封的润滑油脂从支重轮体中间的螺塞孔加入，通常在一个大修期内只加注一次，简化了挖掘机平时的保养工作。

托轮与支重轮的结构基本相同。

③引导轮

引导轮用来引导履带正确绕转，防止其跑偏和越轨。多数液压挖掘机的引导轮同时起支重轮的作用，这样可增加履带对地面的接触面积，减小接地比压。引导轮的轮面制成光面，中间有挡肩环作为导向用，两侧的环面则支承轨链，如图4.23所示。引导轮与最靠近的支重轮的距离越小，则导向性越好。

引导轮通常用40、45号钢或35Mn钢铸造、调质处理,硬度为HB230~270。

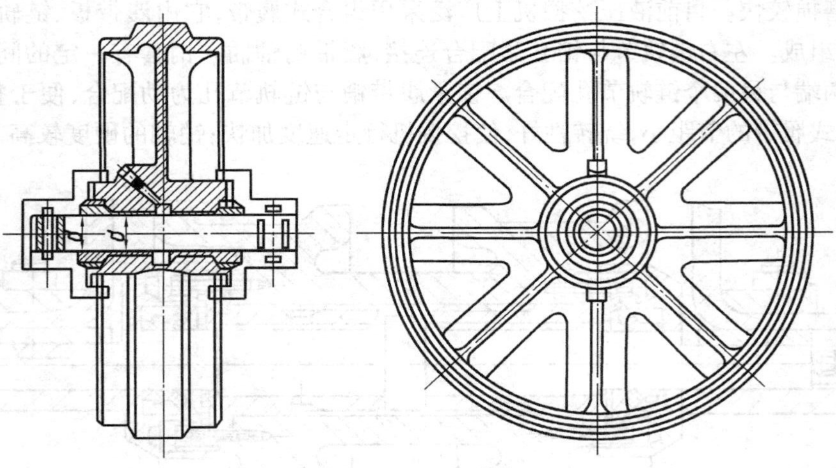

图4.23　引导轮

为了使引导轮充分发挥其作用并延长其使用寿命,其轮面对中心孔的径向跳动要≤3 mm,安装时要正确对中。

④驱动轮

液压挖掘机发动机的动力是通过行走马达和驱动轮传给履带的,因此驱动轮应与履带的链轨啮合正确、传动平稳,并且当履带因销套磨损伸长时仍能很好地啮合。

驱动轮通常位于挖掘机行走装置的后部,使履带的张紧段较短,以减少其磨损和功率消耗。

驱动轮按轮体构造可分为整体式和分体式两种。分体式驱动轮的轮齿被分为5~9片齿圈,这样部分轮齿磨损时不必卸下履带便可更换,在施工现场修理方便并降低挖掘机维修成本。

按齿轮节距的不同齿轮有等节距和不等节距两种。其中,等节距的齿轮使用较多,而不等节距的齿轮则是新型结构,它的齿数较少,且有两个齿的节距较小,其余齿的节距均相等。如图4.24所示为不等节距驱动轮,在履带包角范围内只有两个轮齿同时啮合,并且驱动轮的轮面与链轨节踏面相接触,因此一部分驱动扭矩便由驱动轮的轮面来传递,同时履带中最大的张紧力也由驱动轮面承受,这样就减少了轮齿的受力,减少了磨损,提高了履带的使用寿命。

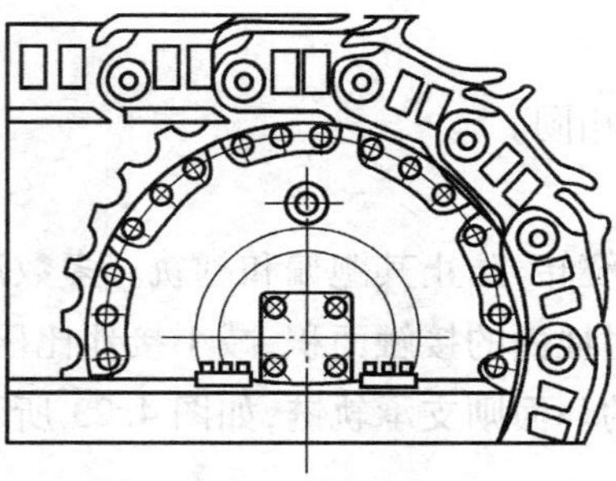

图4.24　不等节距驱动轮

由于驱动轮工作时受履带销套反作用的弯曲压应力,并且轮齿与销套之间有磨料磨损,因此驱动轮应采用淬透性较好的钢材,如 50Mn、45SiMn 等,经中频淬火,低温回火,使其硬度达 HRC55 ~58。不等节距的驱动齿轮如图 4.25 所示。

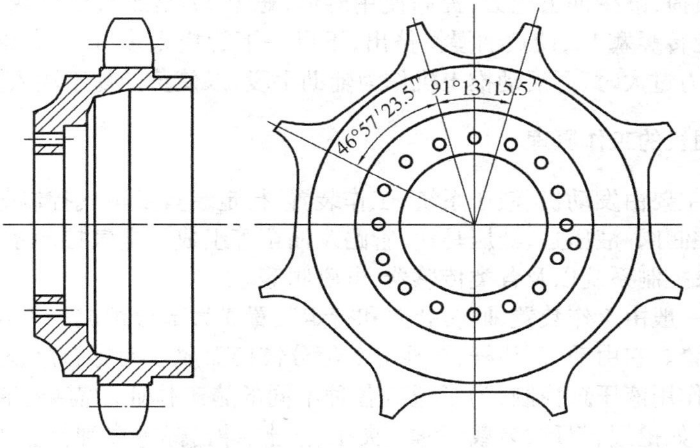

图 4.25　不等节距的驱动齿轮

3)张紧装置

液压挖掘机的履带式行走装置使用一段时间后,由于链轨销轴的磨损会使节距增大,并使整个履带伸长,导致摩擦履带架、履带脱轨、行走装置噪声大等,从而影响挖掘机的行走性能。因此,每条履带必须装张紧装置,使履带经常保持一定的张紧度。

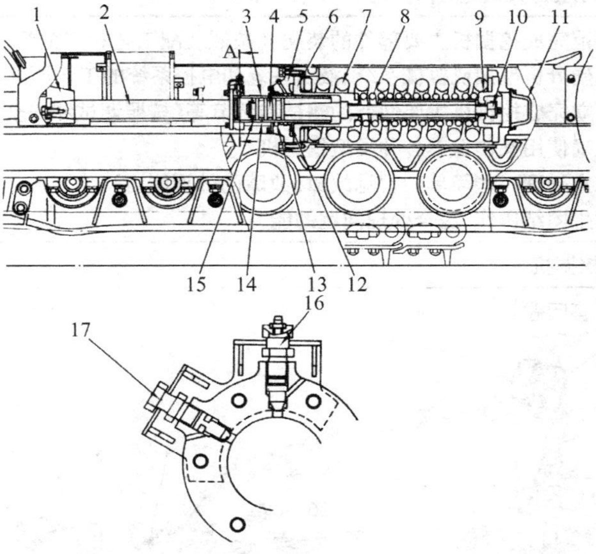

图 4.26　张紧装置

1—支座;2—轴;3—油缸;4—活塞;5—端盖;6—弹簧前座;7—大缓冲弹簧;
8—小缓冲弹簧;9—弹簧后座;10—螺母;11. 端盖—12;衬套;13—油封;
14—耐磨环;15—油封;16—注油嘴;17—油塞

张紧装置如图 4.26 所示。油缸 3 和引导轮架的支座 1、轴 2 用螺栓连接成一体,以推动引导轮伸缩，活塞4装于油缸中，油封15封住活塞和油缸腔中的黄油，当从注油嘴16注入压力黄油时，则推压活塞右移，活塞推压推杆18，推杆又推压弹簧前座6，弹簧前座则压缩大小缓冲弹簧7和8，这样，在引导轮和弹簧之前就形成了一个弹性体，对履带施加的冲击力进行缓冲，消除冲击负荷，减少冲击应力，提高使用寿命，螺塞17是放黄油使用的，当履带张紧度过大时，则慢慢旋转螺塞17，使黄油慢慢挤出，不可一下旋松太多，以免黄油射出伤人。从注油嘴注入黄油压力过大时，可活动推土机作为辅助手段，以使黄油易于注入。

4.1.7 挖掘机的工作原理

液压挖掘机主要由发动机、液压系统、工作装置、行走装置及电气控制等部分组成。液压系统由液压泵、控制阀、液压缸、液压马达、管路及油箱等组成。电气控制系统包括监控盘、发动机控制系统、泵控制系统以及各类传感器、电磁阀等。

液压挖掘机一般由工作装置、回转装置和行走装置3大部分组成。工作装置是直接完成挖掘机任务的装置。它由动臂、斗杆、铲斗等3部分铰接而成。动臂起落、斗杆伸缩和铲斗转动都用往复式双作用液压缸控制，为了适应各种不同的施工作业的需要，液压挖掘机可以装配多种工作装置，如挖掘、起重、装载、平整、夹钳、推土、冲击锤等多种作业机器。液压传动系统通过液压泵将发动机的动力传递给液压马达、液压缸等执行元件，推动工作装置，从而完成各种作业。

实操任务单

编号：WS-04-01

系别：______________ 专业：______________ 班级：______________

学习情境名称： 挖掘机的总体结构和工作原理

能力目标	1. 能够规范完成挖掘机主要部件的装配；（按照装配工艺和安全要求操作的能力） 2. 能够正确分析挖掘机机械系统、液压系统和电控系统的工作原理 3. 能够独立完成挖掘机主要性能的测试和调节等（按照调试和安全要求操作的能力） 4. 能够正确使用操作保养各种类型挖掘机 5. 能够独立处理一些简单的常见故障（故障的处理能力） 6. 培养学生团结协作、综合处理问题的能力
准备	SWE18a 挖掘机
内容	看下图回答问题： 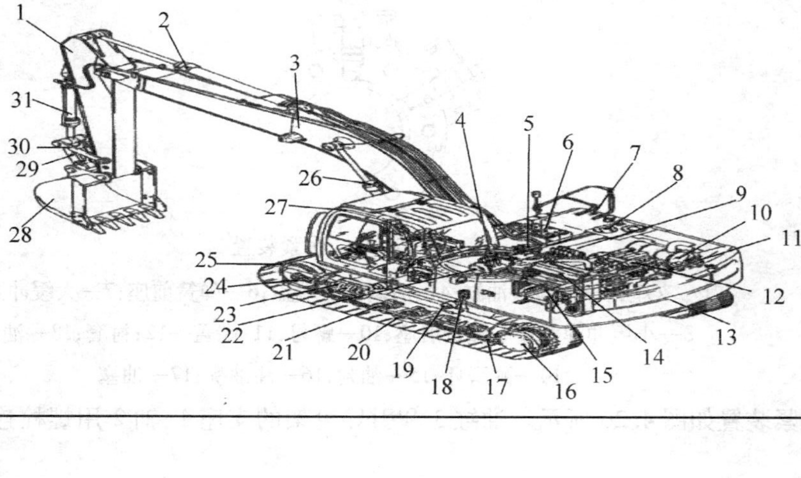

续表

<table>
<tr><td>评分标准</td><td>写出以上各部位名称,每个 1 分</td></tr>
<tr><td colspan="2">评价:
1. 自评

2. 互评

3. 教师评价

考核结果(等级):

教师:________
年　月　日</td></tr>
</table>

4.2 SWE18a 挖掘机的技术性能参数

湖南山河智能机械股份有限公司是一家以工程机械为主业的现代化国际性上市企业,位于湖南长沙市国家级经济技术开发区。公司自 1999 年创立以来,在企业创始人、董事长何清华的带领下,依靠自主创新,引领市场,迅速崛起。产品涵盖大型桩工机械、小型工程机械、中大型挖掘机械、现代凿岩设备、工业车辆、煤炭矿业装备、液压元器件等 10 多个领域、160 多个型号规格。产品稳居国内一线品牌位置,批量销往全球 50 多个国家和地区。

图 4.27　SWE18a 挖掘机

如图 4.27 所示为 SWE18a 挖掘机。如图 4.28 所示为 SWE18a 挖掘机测量简图。表 4.1、表 4.2 为其主要参数和作业参数。

表 4.1　主要参数

外形尺寸:长×宽×高	3 820 mm×1 170 mm×2 378 mm
整机质量:橡胶履带	1.84 t
标准斗容	0.04 m^3
铲斗挖掘力	13.1 kN
斗杆挖掘力	8.7 kN
最大牵引力	13.7 kN

续表

动臂偏转角度	50°(右)/75°(左)
行走速度(最大/最小)	4.2/2.3(km/h)
外形尺寸:长×宽×高	3 820 mm×1 170 mm×2 378 mm
爬坡能力	30°
接地比压	27.8 kPa
回转速度	10.9 r/min
发动机品牌	PERKINS 403C-11
发动机形式	3 缸、水冷、间喷
发动机排量	1.1 L
发动机功率/转速	14.7 kW/2 200 r/min
燃油箱容量	23 L
主泵	
类型	3 个齿轮泵
流量	2×18+15 L/min
主溢流阀压力	20/18 MPA
液压油箱容量	35 L

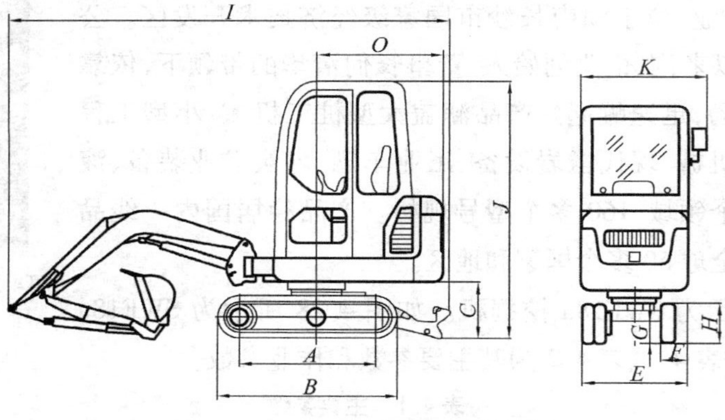

图 4.28　SWE18a 挖掘机测量简图

表 4.2　作业参数

作业范围	
A 最大挖掘高度	3 509 mm
B 最大卸料高度	2 482 mm
C 最大挖掘深度	2 155 mm
D 最大垂直挖掘深度	1 551 mm

续表

E 最大挖掘半径	3 850 mm
F 最大停机面挖掘距离	3 472 mm
G 推土铲最大提升高度	211 mm
H 推土铲最大掘地深度	270 mm
R 最小回转半径	1 686 mm
推土铲(长×宽)	1 310 mm×267 mm
尺寸参数	
A 轮距	1 170 mm
B 履带总长	1 528 mm
C 平台离地间隙	498 mm
D 平台尾端回转半径	1 080 mm
E 底盘宽度	980 mm/1 310 mm
F 履带宽度	230 mm
G 底盘离地间隙	160 mm
H 履带高度	381 mm
I 总长度	3 820 mm
J 司机室顶高	2 378 mm
K 上车宽度	1 170 mm

实操任务单

编号：WS-04-02

系别：__________ 专业：__________ 班级：__________

学习情境名称：SWE18a 挖掘机的技术性能参数

能力目标	1. 能够规范完成挖掘机主要部件的装配(按照装配工艺和安全要求操作的能力) 2. 能够正确分析挖掘机机械系统、液压系统和电控系统的工作原理 3. 能够独立完成挖掘机主要性能的测试和调节等(按照调试和安全要求操作的能力) 4. 培养学生团结协作、综合处理问题的能力	
准备	SWE18a 挖掘机	
内容	解答题 SWE18a 挖掘机有哪些性能特点 液压系统	
	主泵类型	
	主泵最大流量/$(L \cdot min^{-1})$	
	主溢流阀设定压力/(MPa)	
	行走液压马达形式	
	回转液压马达形式	
	工作液压油路/MPa	
	行走液压回路/MPa	
	回转液压回路/MPa	
	控制液压回路/MPa	
	先导油路(MPa)	
	动臂油缸－个数×缸径×行程/mm	
	斗杆油缸－个数×缸径×行程/mm	
	铲斗油缸－个数×缸径×行程/mm	
	液压破碎管路是否标配	
	燃油箱/L	
	液压油箱/L	
	液压系统/L	
	发动机油更换量/L	
	冷却液/L	
评分标准	每空 10 分	

续表

评价： 1. 自评   2. 互评   3. 教师评价   考核结果（等级）：   教师：______ 年　月　日

4.3　SWE18a 驾驶室认识（仪表、铭牌）

看完驾驶室内的设计，了解滑移装载机的具体操作，滑移装载机的操作是非常简单的，但是在操作之前需要注意以下问题：

（1）在最初运行 20 h 期间：

①尽量使发动机在间歇性重载荷下运行，此阶段的发动机速度应保证发动机充分试运行。

②使发动机保持正常的工作温度。

③不要让发动机怠速运行很长时间。

④在最初试运行 20 h 期间，大约 1 h 间隔时间检查一次油位，在最初试运行期间，油耗可能略高。

⑤当操作条件允许时，建议操作者让发动机全速运转。

需要注意的是，在最初 50 h 运行后，更换机油和过滤器。

（2）每天在启动发动机之前的检查事项：

①检查机车是否有泄漏情况。

②检查轮胎情况和压力情况。

③检查机车、设备和工作装置是否有磨损、损坏或缺失零件。

④检查机车，特别是散热器和发动机区域附近是否有碎屑，确保这些区域是干净的。

⑤清洁或更换无法看清的安全标牌。

⑥清洁台阶、扶手和驾驶室,清除驾驶室中所有松动的物件。

⑦参看维护润滑图表,完成 10 h 内应该完成的所有项目。

(3)启动机器流程:

①调整座位,系紧安全带,降下安全杆,确保所有控制器都可以触摸到,并且能够让所有控制器全行程移动。

②鸣响喇叭,通知周围人员即将开始操作。

③加大油门约 25 mm。

④如果机器配备了辅助液压装置,应确保控制器在空挡。

⑤按下启动按钮,并监视仪表盘的指示灯,若发动机预热灯点亮,则在启动发动机之前等待至它熄灭。

⑥发动机须在 30 s 内启动,如果发动机不启动,则让启动装置冷却 1 min,然后重新启动。

⑦不要让启动马达连续运转超过 30 s。

⑧在启动发动机之后,监视指示灯并确认机车功能正常。

(4)关闭机器流程:

①当工作结束时,一定要把机车停放在水平的地面上,把装载臂下降至地面。如果必须临时把机车停放在山坡,则把机车前部朝向山脚,确保机车在不能移动的物体后面。

②以怠速运行发动机,让发动机和部件均匀冷却。

③把所有控制杆置于空挡。

④操作电源按钮关闭发动机,制动闸自动咬合。

⑤松开安全带或抬起安全杆,当退出机车时,抓住把手。

启动和关闭发动机装置如图 4.29、图 4.30 所示。其他操作示意如图 4.31 所示。

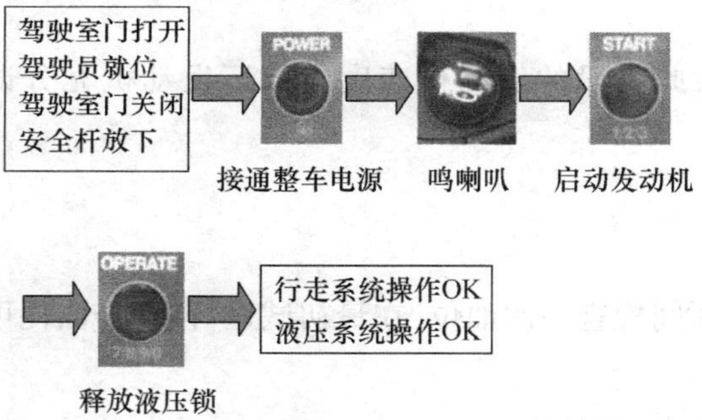

图 4.29　启动发动机装置

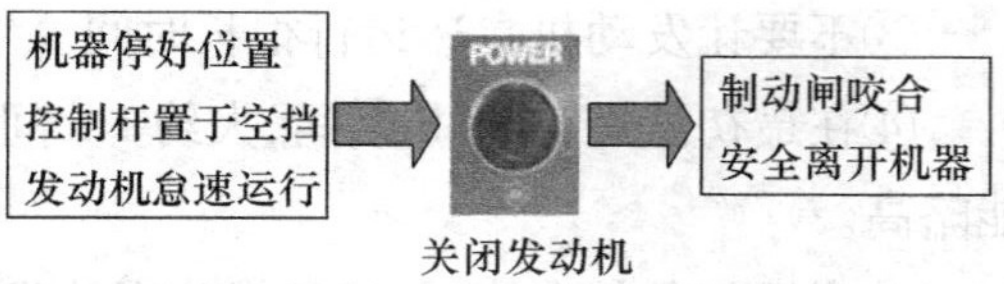

图 4.30　关闭发动机装置

启动开关

座椅

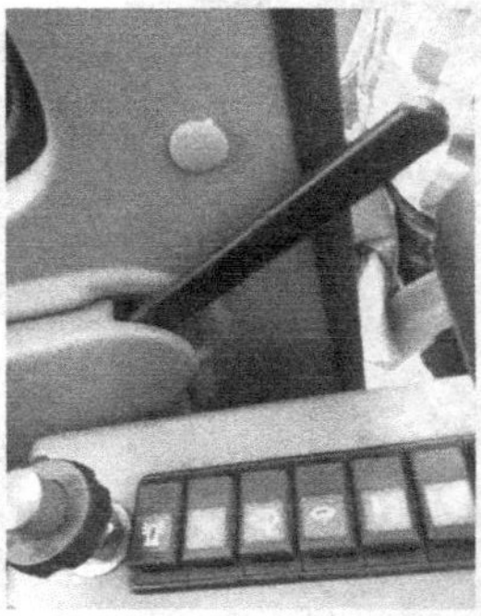

座椅调节杆

自动电控辅助阀

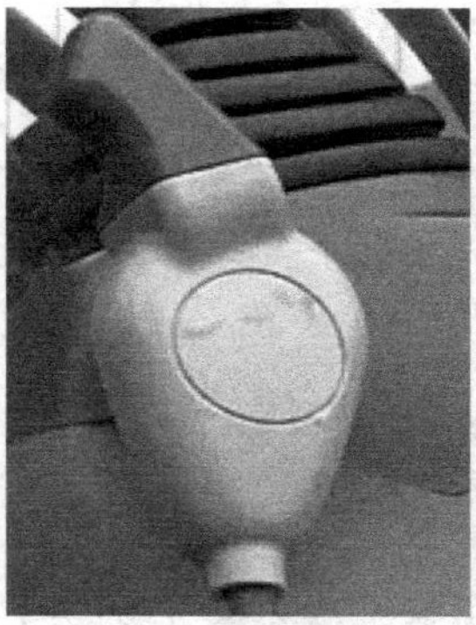

先导安全操控杆

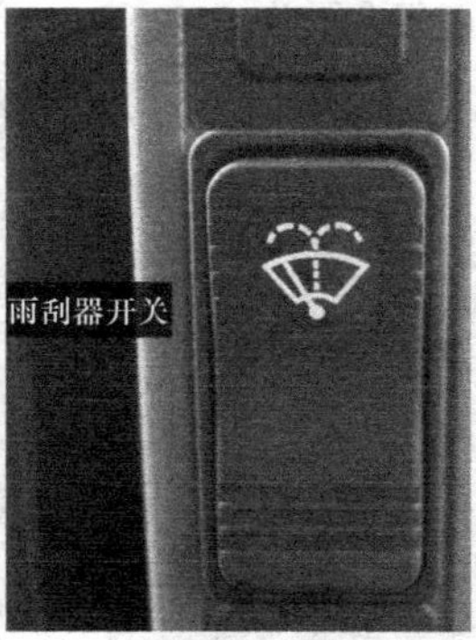

雨刷开关

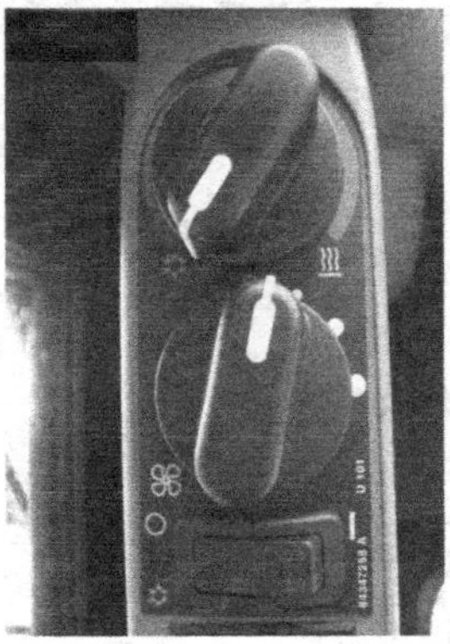

空调控制按钮

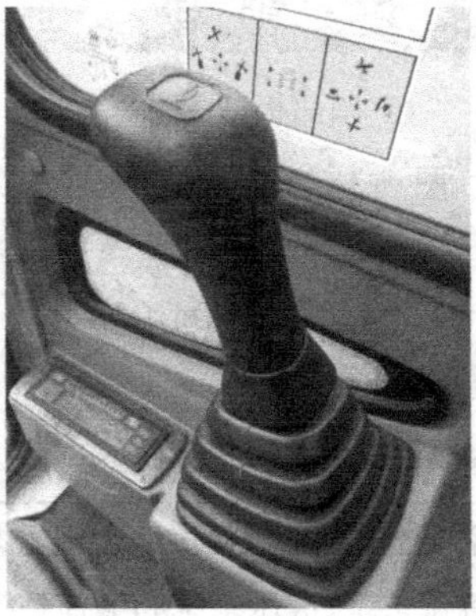

喇叭和右操作手柄

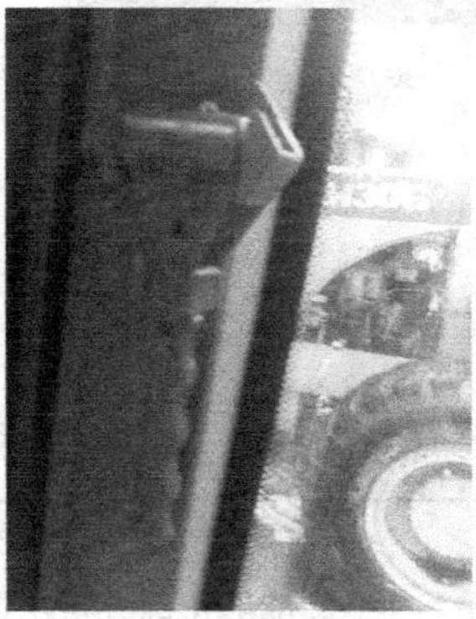

安全锤

组合开关

行走操作杆和操作阀

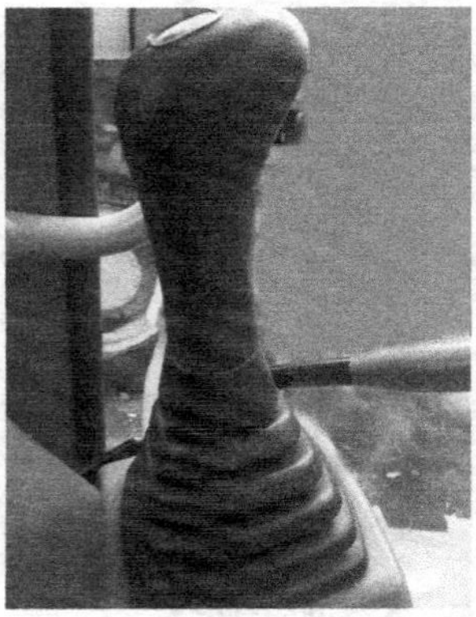

左操作手柄

报警闪烁图表

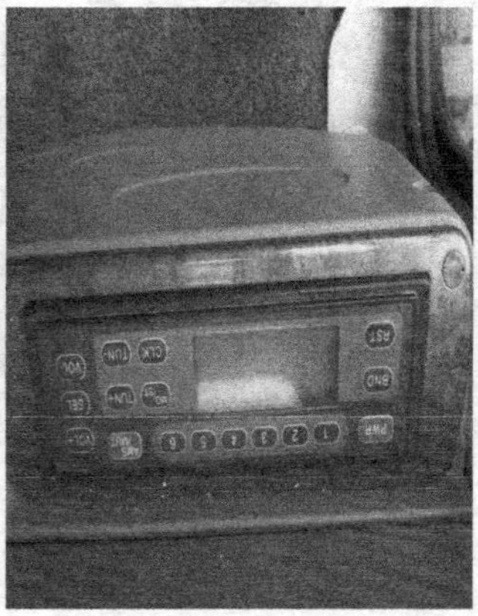

空调面板开关

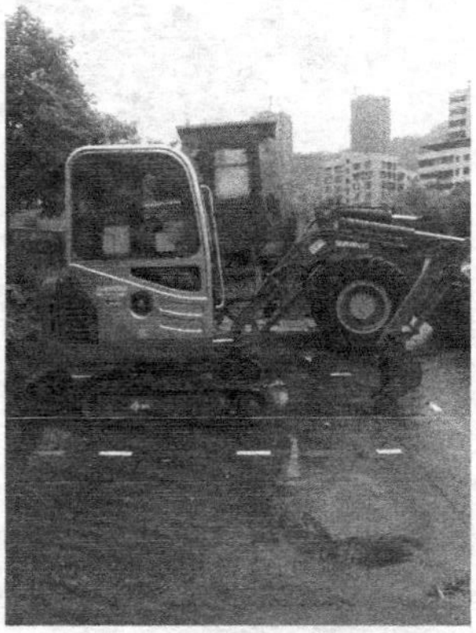

SWE18a 挖掘机

图 4.31　其他操作示意

实操任务单

编号：WS-04-03

系别：______________　专业：______________　班级：______________

学习情境名称：SWE18a 驾驶室认识（仪表、铭牌）

能力目标	1. 能够规范完成挖掘机主要部件的装配（按照装配工艺和安全要求操作的能力） 2. 能够正确分析挖掘机机械系统、液压系统和电控系统的工作原理 3. 能够独立完成挖掘机主要性能的测试和调节等（按照调试和安全要求操作的能力） 4. 能够正确使用操作保养各种类型挖掘机 5. 培养学生团结协作、综合处理问题的能力
准备	SWE18a 挖掘机

续表

内容	读阅读,回答以下内容并填空: 第一步:指出水温表,机油压力表,怠速选择开关,油门旋钮的位置和作用。 第二步:操作显示器,选择挖掘机的工作模式为标准作业模式。 第三步:指出先导控制杆的位置和先导控制杆的作用。 司机座的调整: 第一步:座椅高度和角度调节。座椅高度调节为________,直接用手向上提升座椅,听到第一响"咔哒"后松手,座椅上升了一挡;再用手向上提升听到第二响,座椅又上升了一挡;再次用手向上提升后松开,座椅恢复到起始状态。 第二步:座椅的靠背调节。拉起靠背下左边的________,直接用力前、后调节靠背到适合的角度,松开调节杆后靠背自动固定;这样可以调整获得合适的座椅靠背角度。 第三步:座椅的前后调节。调节杆,坐凳固定。座椅前后位置的调节采用双层滑轨控制,前后行程达200 mm。坐到座椅上,拉起坐凳前的调节杆推拉坐凳,调节到合适的位置并松开;可以根据司机的形体,调节座椅的前后位置,达到合适司机舒适地操纵机器做各种动作。 第四步:扶手调节。用手将扶手拉到垂直位置上,以便上、下机器。转动扶手底部的调节盘将扶手的角度调到想要的位置上。 第五步:承重的调节。调节座椅下部的________,调整到与自己体重相符的刻度。 自动怠速开关:自动怠速有效时,即在显示屏上显示为"自动怠速",当系统液压操纵杆回中位时间超过5 s后,发动机自动降到1 400 ± 50 r/min运转;当开始工作时,发动机立即回复到________。按下"自动怠速"按钮将取消怠速,同时显示屏上显示"取消怠速"。"自动怠速"状态下,在需短时间停歇操作的工作中,发动机进入怠速运转状态,可以达到节省燃油的目的。 发动机指示灯:当钥匙开关在接通位置时,该指示灯亮;当发动机运转,发动机正常发电时,该指示灯熄灭;如果该指示灯一直亮,则应检查发电机是否出现故障。 油门按钮:用油门旋钮可以调节________,顺时针转动可增加发动机转速,逆时针转动可降低发动机转速。 启动钥匙开关:OFF表示电源关闭,ON表示电源打开,START表示________。 雨刷及开关:下雨或前窗玻璃变脏,打开雨刮器开关进行擦洗。使用雨刮器时,要先按下洗涤器开关喷出一定量的洗涤剂,防止干摩擦损坏雨刮器。 工作灯开关:按下工作灯开关,工作灯亮。 先导控制开关杆:先导控制开关杆的功能是________。如果没有把先导控制开关杆完全地拉到锁住的位置,先导控制就不会被切断。在离开操作座椅时,必须先把先导控制开关杆拉到锁住的位置上,然后关闭发动机。在运输机器时,或在完成一天的工作后,也要把先导控制开关杆拉到锁住的位置上。在启动发动机前,也要确认先导控制开关杆处于锁住位置,否则发动机无法启动。 空调:通过操作空调可以调节驾驶室的温度,以达到驾驶员舒适地操作挖掘机的目的。需要注意的是,空调系统必须在发动机启动后才能使用;发动机停止后,应将电源开关关闭。在春、秋或冬季,因不使用空调制冷,必须每隔一周启动制冷运转5 min左右,以防止系统内运动部件因长期不用而生锈。因供暖系统与水箱相通,当环境温度低于零度,长时间停止使用时,水箱须放水,或加防冻液,以防止加热器的钢管冻裂。 水温冷却表:冷却水温度表指示发动机冷却水温度,低于________度范围表示冷却水温度正常。操作时,指针应处于________。 燃油表:燃油表指示燃油油量,在燃油指示表进入红色区域前要添加燃油。 机油压力表:机油压力表随时监控________的机油压力。操作时,指针应处于绿色。

续表

评分标准	每空 10 分
评价： 1. 自评 2. 互评 3. 教师评价 考核结果(等级)： 教师：________ 年　月　日	

4.4 SWE18a 挖掘机安全操作规程

(1)遵守安全技术规程

挖掘机司机应遵守一般安全技术规程的规定。

(2)挖掘机在工作前的准备工作

①向施工人员了解施工条件和任务，具体内容包括填挖土的高度和深度、边坡及电线高度、地下电缆、各种管道、坑道、墓穴和各种障碍物的情况和位置。挖掘机进入现场后，司机应遵守施工现场的有关安全规则。

②挖掘机在多石土壤或冻土地带工作时，应先进行爆破再进行挖掘。

③按照日常例行保养项目，对挖掘机进行检查、保养、调整、紧固。

④检查燃料、润滑油、冷却水是否充足，不足时应予添加。在添加燃油时严禁吸烟及接近明火，以免引起火灾。

⑤检查电气线路绝缘和各开关触点是否良好。

⑥检查液压系统各管路及操作阀、工作油缸、油泵等是否有泄漏，动作是否异常。

⑦检查钢丝绳及固定钢丝绳的卡子是否牢固可靠。

⑧将主离合器操纵杆放在空挡位置上，启动发动机(若是手摇启动要注意摇把反击伤人；若系手拉绳启动，不可将拉绳缠在手上)。检查各仪表、传动机构、工作装置、制动机构是否正常，确认无误后方可开始工作。

⑨发动机启动后，严禁有人站在铲斗内、臂杆上、履带和机棚上。

(3)挖掘机在工作中的注意事项

①挖掘机工作时，应停放在坚实、平坦的地面上。轮胎式挖掘机应把支腿顶好。

②挖掘机工作时应当处于水平位置，并将行走机构刹住。若地面泥泞、松软和有沉陷危险时，应用枕木或木板垫妥。

③铲斗挖掘时每次吃土不宜过深，提斗不要过猛，以免损坏机械或造成倾覆事故。铲斗下落时，注意不要冲击履带及车架。

④配合挖掘机作业，进行清底、平地、修坡的人员，须在挖掘机回转半径以外工作。若必须在挖掘机回转半径内工作时，挖掘机必须停止回转，并将回转机构刹住后方可进行工作。同时，机上机下人员要彼此照顾，密切配合，确保安全。

⑤挖掘机装载活动范围内，不得停留车辆和行人。若往汽车上卸料时，应等汽车停稳，驾驶员离开驾驶室后，方可回转铲斗，向车上卸料。挖掘机回转时，应尽量避免铲斗从汽车驾驶室顶部越过。卸料时，铲斗应尽量放低，但要注意不得碰撞汽车的任何部位。

⑥挖掘机回转时，应用回转离合器配合回转机构制动器平稳转动，禁止急剧回转和紧急制动。

⑦铲斗未离开地面前，不得做回转、行走等动作。铲斗满载悬空时，不得起落臂杆和行走。

⑧拉铲作业中，当拉满铲后，不得继续铲土，防止超载。拉铲挖沟、渠、基坑等项作业时，应根据深度、土质、坡度等情况与施工人员协商，确定机械离边坡的距离。

⑨反铲作业时，必须待臂杆停稳后再铲土，防止斗柄臂杆与沟槽两侧相互碰击。

⑩履带式挖掘机移动时，臂杆应放在行走的前进方向，铲斗距地面高度不超过 1 m，并将回转机构刹住。

⑪挖掘机上坡时，驱动轮应在后面，臂杆应在前面；挖掘机下坡时，驱动轮应在前面，臂杆应在后面。上下坡度不得超过 20°。下坡时应慢速行驶，途中不许变速及空挡滑行。挖掘机在通过轨道、软土、黏土路面时，应铺垫板。

⑫在高的工作面上挖掘散粒土壤时，应将工作面内的较大石块和其他杂物清除，以免塌下造成事故。若土壤挖成悬空状态而不能自然塌落时，则需用人工处理，不准用铲斗将其砸下或压下，以免造成事故。

⑬挖掘机不论是作业或行走时，都不得靠近架空输电线路。如必须在高低压架空线路附近工作或通过时，机械与架空线路的安全距离，必须符规定的尺寸。雷雨天气，严禁在架空高压线近旁或下面工作。

⑭在地下电缆附近作业时，必须查清电缆的走向，并用白粉显示在地面上，并应保持 1 m 以外的距离进行挖掘。

⑮挖掘机行走转弯不应过急。如弯道过大，应分次转弯，每次在 20°之内。

⑯轮胎挖掘机由于转向叶片泵流量与发动机转速成正比，当发动机转速较低时，转弯速度相应减慢，行驶中转弯时应特别注意。特别是下坡并急转弯时，应提前换挂低速挡，避免因使用紧急制动，造成发动机转速急剧降低，使转向速度跟不上造成事故。

⑰电动挖掘机在连接电源时，必须取出开关箱上的熔断器。严禁非电工人员安装电器设备。挖掘机行走时，应由穿耐压胶鞋或戴绝缘手套的工作人员移动电缆。并注意防止电缆擦损漏电。

⑱挖掘机在工作中，严禁进行维修、保养、紧固等工作。工作过程中若发生异响、异味、温升过高等情况，应立即停车检查。

⑲臂杆顶部滑轮的保养、检修、润滑、更换时,应将臂杆落至地面。

⑳夜间工作时,作业地区和驾驶室应有良好的照明。

(4)挖掘机工作后的注意事项

挖掘机工作后,应将机械驶离工作地区,放在安全、平坦的地方。将机身转正,使内燃机朝向阳方向,铲斗落地,并将所有操纵杆置于"空挡"位置,将所有制动器刹死,关闭发动机(冬季应将冷却水放净)。按照保养规程的规定,做好例行保养。关闭门窗并上锁后,方可离开。

(5)其他注意事项

①挖掘机可做短距离自行转移时,一般履带式挖掘机自行距离不应大于5 km。轮胎式挖掘机可以不受限制。但均不得做长距离自行转移。

②挖掘机可做短距离自行转移时,应对行走机构进行一次全面润滑,行驶时,驱动轮应在后方,行走速度不宜过快。

③挖掘机装卸车时,应由经验丰富的吊装工指挥。装卸过程中,挖掘机在坡道上严禁回转或转向。装车时若发生危险情况,可将铲斗放下,协助制动,然后挖掘机缓缓退下。

(6)安全操作规程

①履带式液压挖掘机的操作工,必须经过专项培训,经主管部门考核合格,领取操作证后,方准驾驶。

②操作液压挖掘机时应严格遵守《中华人民共和国道路交通管理条例》。

③不准将挖掘机交给没有操作证的人员操作。

④操作挖掘机时,必须精力充沛、思想集中、禁止吸烟、饮食、闲谈及其他有影响安全行车的行为;严禁酒后操作挖掘机。

⑤操作挖掘机时,除当班操作工外,不准其他人员站或坐在机体上。

⑥挖掘机的发动机运转时禁止任何人进入回转范围。

⑦在上下挖掘机时,必须面对设备并使用台阶及扶手,始终采用三点式上下法,不能跳跃。

⑧不能在非用于攀登的表面上攀登。

⑨挖掘机行驶中要遵守转弯三项规定(减速、鸣号、靠右行),会车时要做到礼让"三先"(先慢、先让、先停);上下坡时不准曲线行驶。

⑩保持挖掘机的外观整洁,加强设备例行保养,及时消除隐患和故障,不开存在安全隐患及故障的设备,确保操作安全。

⑪利用动臂把车体支起时,严禁钻进底盘下面工作。必要时应用枕木垫牢后方才进行作业。

⑫挖掘机正铲作业时,除松散土外,其作业面应不超过本机性能规定的最大挖掘高度和深度;反铲作业时,挖掘机履带距工作面边缘至少保持0.5 m的安全距离,如遇到松散土垠则应视具体情况增加安全距离。

(7)挖掘机操作规程

1)挖掘机的启动

①合上电瓶开关,打开钥匙开关,接通各信号灯。

②把各操作手柄置于空位,将挖掘机的发动机调速手柄置于全行程 1/2 ~3/4 之间的位置上。

③转动启动开关使发动机启动,发动机启动成功后,立即松开启动按钮,若转动启动开关 10 ~15 s,发动机未能启动,应松开启动开关,待 1 ~2 min 后再启动一次,若连续 3 次未能启动,则应检查原因,排除故障后再启动。

④挖掘启动后应立即将发动机调速手柄置于怠速位置。

⑤挖掘机启动后要仔细监听启动马达是否与发动机脱开,如启动马达齿轮与发动机启动齿轮圈啮合未脱开,应立即停机处理。否则将造成启动马达损坏。

2)挖掘机的起步

①挖掘机起步前,应认真察看液压挖掘机周围有无影响挖掘机起步的障碍物或人员。

②当挖掘机需要行走较长一段距离时,应将上部平台转到平行于行走减速器的方向,并用回转制动闸将上部平台锁紧,把铲斗、动臂收复使工作机构处于道路行驶状态。

③挖掘机起步行驶后,注意察看各仪表的示值,注意液压系统、传动系统、左右台车架行走机构、操纵装置及发动机有无异响和失常现象,发现异常应及时检修。

(8)挖掘机的操作

①挖掘机行驶前应将铲斗提离地面,行驶过程中需要调整动臂、斗杆位置应在停机后进行。

②当需要在斜面上以及坡道处行走时,应将作业装置提起使铲斗有足够的对地间隙,切勿在斜坡上横向行驶。

③挖掘机在陡峭的地域行驶时,行走驱动轮应置于相对于行驶方向的后部。

④挖掘机通过桥梁涵洞,应先弄清桥梁涵洞是否有足够的承载能力,并有足够的通过间隙,在指挥人员的指挥下通过。

⑤挖掘机启动后,禁止任何人员站或坐在铲斗、动臂、履带板上或机棚上。准备作业前,操作者要发出预备信号或喇叭,确认安全方可作业。

⑥每班作业前,应做 1 ~2 个工作循环动作,认为一切正常后再进行作业。

⑦当挖掘较高的掌子面及松散土时,掌子面上的大石头或其他物品须搬去,以免落下来砸坏挖掘机及伤人。

⑧避免持续地在超过 15°的斜坡上工作,否则易造成挖掘机的发动机损坏(任何情况下均必须保障发动机润滑系统能正常工作)。

⑨禁止用挖掘机“清扫”地面。

⑩挖掘机进行纵面作业时,驱动轮应位于机后。

⑪反铲铲斗在沟中挖掘时,不允许后退挖掘机,否则会造成液压杆和斗杆损坏。

⑫挖掘机在作业过程中,液压缸伸缩快要接近终端时,操作手柄要迅速回到中位,使液压缸的动作缓慢停止,以免产生很大的冲击力。

⑬挖掘机回转时,禁止用反向逆转的方式使其制动。

⑭注意高压电线路,地面高低不平时应注意观察动臂摆动的角度,挖掘机行驶时速度应适合当时路况,底盘在任何时候均应避开坑洼凹谷之处,防止行走滚轮和链轨损坏。

⑮挖掘机往汽车上装矿物时,严禁铲斗从汽车驾驶室顶上越过,铲斗距车厢的卸载高度应为 0.5 ~1 m。

⑯铲斗入土时，应采用铲斗液压缸挖掘或斗杆液压缸挖掘的方式缓慢切入，禁止将铲斗从高处猛烈插入土中。

⑰挖掘机工作间隙，应降低发动机转速，从而降低液压泵转速，避免液压油因大量空循环而升温，这样有利于提高液压泵的使用寿命。

⑱液压油必须在规定的温度下工作，油温最高不得超过 95 ℃。

⑲遇到较大的坚硬石块或障碍物时，须待清除后，方可挖掘，不得用铲斗破碎石块、冻土或用单边斗齿超负荷挖掘。

(9)挖掘机的停驶

①挖掘机长时间停机应进行履带清洁工作，应将工作装置转到履带装置的一侧，将工作装置放下，并以推下工作装置的办法把该侧履带装置完全升离地面，使履带装置前后反复运转直至大部分泥土被抛落为止，然后用工作装置把履带装置放下，再用同样的方法对另一侧履带装置进行清洁。

②挖掘机停机前应将上部平台制动好，并将斗杆、动臂与铲斗油缸活塞收回，铲斗置于地面。

③操作手柄置于中位，调速拉杆置于怠速位置，发动机在怠速下运转 5 ~ 10 min 后熄火停机，拉下电瓶总开关。

(10)挖掘机停驶后的注意事项

①挖掘机停驶地点应选择平坦坚实的地方。

②停驶后应做好例行保养。

③若长时间停用，应做好停置保养工作；并选择适宜的封存地点和合适的封存方法，每隔3 个月启动空运转一次。

④按要求填写日常点检记录、加换油记录。

(11)挖掘机作业前准备

①仔细阅读挖掘机相关使用说明材料，熟悉所驾驶车辆的使用和保养状况。

②详细了解施工现场任务情况，检查挖掘机工作停机处土壤坚实性和平稳性。在挖掘基坑、沟槽时，检查路堑和沟槽边坡稳定性。

③严禁任何人员在作业区内停留，工作场地应便于自卸车出入。

④检查挖掘机液压系统、发动机、传动装置、制动装置、回转装置以及仪器、仪表，在经试运转并确认正常后才可以工作。

实操任务单

编号：WS-04-04

系别：__________ 专业：__________ 班级：__________

学习情境名称：SWE18a 挖掘机安全操作规程

能力目标	1. 能够独立完成挖掘机主要性能的测试和调节等（按照调试和安全要求操作的能力） 2. 能够正确使用操作保养各种类型挖掘机 3. 培养学生团结协作、综合处理问题的能力
准备	SWE18a 挖掘机

续表

内容	读以下内容，回答挖掘机的操作安全问题： 1. 向施工人员了解施工条件和任务，具体内容包括________、________、________、________、________、________和各种障碍物的情况和位置。挖掘机进入现场后，司机应遵守施工现场的有关安全规则。 2. 挖掘机在多石土壤或冻土地带工作时，应先________再进行挖掘。 3. 按照日常例行保养项目，对挖掘机进行________、________、________、________。 4. 检查燃料、润滑油、冷却水是否充足，不足时应予添加。在添加燃油时严禁________，以免引起火灾。 5. 检查电气线路绝缘和各开关触点是否良好。 6. 检查液压系统各管路及操作阀、工作油缸、油泵等是否有泄漏，动作是否异常。 7. 检查钢丝绳及固定钢丝绳的卡子是否牢固可靠。 8. 将主离合器操纵杆放在"________"位置上，启动发动机（若是手摇启动要注意摇把反击伤人；若系手拉绳启动，不可将拉绳缠在手上）。检查各仪表、传动机构、工作装置、制动机构是否正常，确认无误后，方可开始工作。 9. 发动机启动后，严禁有人站在铲斗内、臂杆上、履带和机棚上。 挖掘机在工作中，应注意下列安全事项： 1. 挖掘机工作时，应停放在________。轮胎式挖掘机应把支腿顶好。 2. 挖掘机工作时应当处于水平位置，并将行走机构刹住。若地面泥泞、松软和有沉陷危险时，应用枕木或木板垫妥。 3. 铲斗挖掘时每次吃土不宜过深，提斗不要过猛，以免损坏机械或造成倾覆事故。铲斗下落时，注意不要冲击履带及车架。 4. 配合挖掘机作业，进行清底、平地、修坡的人员，须在挖掘机回转半径以外工作。若必须在挖掘机回转半径内工作时，挖掘机必须停止回转，并将回转机构刹住后方可进行工作。同时，机上机下人员要彼此照顾，密切配合，确保安全。 5. 挖掘机装载活动范围内，不得停留车辆和行人。若往汽车上卸料时，应等汽车停稳，驾驶员离开驾驶室后，方可回转铲斗，向车上卸料。挖掘机回转时，应尽量避免铲斗从汽车驾驶室顶部越过。卸料时，铲斗应尽量放低，但要注意不得碰撞汽车的任何部位。 6. 挖掘机回转时，应用回转离合器配合回转机构制动器平稳转动，禁止______和______。 7. 铲斗未离开地面前，不得做回转、行走等动作。铲斗满载悬空时，不得起落臂杆和行走。 8. 拉铲作业中，当拉满铲后，不得继续铲土，防止超载。拉铲挖沟、渠、基坑等项作业时，应根据深度、土质、坡度等情况与施工人员协商，确定机械离边坡的距离。 9. 反铲作业时，必须待臂杆停稳后再铲土，防止斗柄臂杆与沟槽两侧相互碰击。 10. 履带式挖掘机移动时，臂杆应放在行走的前进方向，铲斗距地面高度不超过 1 m。并将回转机构刹住。 11. 挖掘机上坡时，驱动轮应在后面，臂杆应在前面；挖掘机下坡时，驱动轮应在前面，臂杆应在后面。上下坡度不得超过 20°。下坡时应慢速行驶，途中不许变速及空挡滑行。挖掘机在通过轨道、软土、黏土路面时，应铺垫板。 12. 在高的工作面上挖掘散粒土壤时，应将工作面内的较大石块和其他杂物清除，以免塌下造成事故。若土壤挖成悬空状态而不能自然塌落时，则需用人工处理，不准用铲斗将其砸下或压下，以免造成事故。 13. 挖掘机不论是作业或行走时，都不得靠近架空输电线路。如必须在高低压架空线路附近工作或通过时，机械与架空线路的安全距离，必须符合附表一所规定的尺寸。雷雨天气，严禁在架空高压线近旁或下面工作。

续表

内容	14. 在地下电缆附近作业时，必须查清电缆的走向，并用白粉显示在地面上，并应保持 1 m 以外的距离进行挖掘。 15. 挖掘机行走转弯不应过急。如弯道过大，应分次转弯，每次在________之内。 16. 履带挖掘机由于转向叶片泵流量与发动机转速成正比，当发动机转速较低时，转弯速度相应减慢，行驶中转弯时应特别注意。特别是下坡并急转弯时，应提前换挂低速挡，避免因使用紧急制动，造成发动机转速急剧降低，使转向速度跟不上造成事故。 17. 电动挖掘机在连接电源时，必须取出开关箱上的熔断器。严禁非电工人员安装电器设备。挖掘机行走时，应由穿耐压胶鞋或戴绝缘手套的工作人员移动电缆。并注意防止电缆擦损漏电。 18. 挖掘机在工作中，严禁进行维修、保养、紧固等工作。工作过程中若发生异响、异味、温升过高等情况，应立即________。 19. 臂杆顶部滑轮的保养、检修、润滑、更换时，应将________。 20. 夜间工作时，作业地区和驾驶室应有良好的照明。 挖掘机工作后，应将机械驶离工作地区，放在安全、平坦的地方。将机身转正，使内燃机朝向阳方向，铲斗落地，并将所有操纵杆置于“空挡”位置，将所有制动器刹死，关闭发动机(冬季应将冷却水放净)。按照保养规程的规定，做好例行保养。关闭门窗并上锁后，方可离开。 挖掘机可做短距离自行转移时，一般履带式挖掘机自行距离不应大于 5 km。轮胎式挖掘机可以不受限制。但均不得做长距离自行转移。 挖掘机可做短距离自行转移时，应对行走机构进行一次全面润滑，行驶时，驱动轮应在后方，走行速度不宜过快。 挖掘机装卸车时，应由经验丰富的吊装工指挥。装卸过程中，挖掘机在坡道上严禁________。装车时若发生危险情况，可将铲斗放下，协助制动，然后挖掘机缓缓退下。
评分标准	每空 10 分
评价： 1. 自评 2. 互评 3. 教师评价 考核结果(等级)： 教师：________ 年　月　日	

第5章 挖掘机的操作与施工

5.1 挖掘机的静机训练(开动挖掘机的注意事项,上机前的准备)

5.1.1 操作规范及动力线路

①挖掘机行走时,应尽量收起工作装置并靠近机体中心,以保持稳定性;把终传动放在后面以保护终传动。

②要尽可能地避免驶过树桩和岩石等障碍物,防止履带扭曲;若必须驶过障碍物时,应确保履带中心在障碍物上。

③过土墩时,要始终用工作装置支承住底盘,以防止车体剧烈晃动甚至翻倾。

④应避免长时间停在陡坡上怠速运转发动机,否则会因油位角度的改变而导致润滑不良。

⑤机器长距离行走,会使支重轮及终传动内部因长时间回转产生高温,机油黏度下降和润滑不良,因此应经常停机冷却降温,延长下部机体的寿命。

⑥禁止靠行走的驱动力进行挖土作业,否则过大的负荷将会导致终传动、履带等下车部件的早期磨损或破坏。

⑦上坡行走时,应该让驱动轮在后,以增加触地履带的附着力。

⑧下坡行走时,应该让驱动轮在前,使上部履带绷紧,以防止停车时车体在重力作用下向前滑移而引起危险。

⑨在斜坡上行走时,工作装置应置于前方以确保安全。停车后,把铲斗轻轻地插入地面,并在履带下放上挡块。

⑩在陡坡行走转弯时,应将速度放慢。左转时,向后转动左履带;右转时,向后转动右履带。这样可降低在斜坡上转弯时的危险。

5.1.2 安全注意事项

(1)安全事项

安全方面主要应该注意以下3个方面：

①空中。不要碰到电线、建筑物、工地人员等，还要防止空中坠落物砸到机器顶部。

②机器自身。随时注意身边环境，陡坡、泥潭、河道都是很危险的。

③地下。最主要的是不要挖破水管、通信管、煤气管道、天然气管道，否则极易引起破坏和火灾。因此，在开挖之前一定要向相关人员了解地形、地下敷设物等。

(2)维护机器方面

每天必须检查机器和添加黄油(有的挖机不需天天加黄油)。每天维护的内容详见相关说明书，不再赘述。

工作过程中动作最好连贯平缓，尽量避免急停急动，以保护液压系统和发动机。

发动机最好要暖机之后才工作，等水温上来之后再加大负荷。停机之前也要怠速运转10 min左右，这样可保护发动机。

工作过程中要密切关注各个仪表的变化，如遇报警应立即停机检查并报修。

(3)工作前的准备工作

挖掘机在工作前，应做好下列准备工作：

①向施工人员了解施工条件和任务。具体内容包括填挖土的高度和深度、边坡及电线高度、地下电缆、各种管道、坑道、墓穴和各种障碍物的情况和位置。挖掘机进入现场后，司机应遵守施工现场的有关安全规则。

②挖掘机在多石土壤或冻土地带工作时，应先进行爆破再进行挖掘。

③按照日常例行保养项目，对挖掘机进行检查、保养、调整、紧固。

④检查燃料、润滑油、冷却水是否充足，不足时应予添加。在添加燃油时严禁吸烟及接近明火，以免引起火灾。

⑤检查电气线路绝缘和各开关触点是否良好。

⑥检查液压系统各管路及操作阀、工作油缸、油泵等，是否有泄漏，动作是否异常。

⑦检查钢丝绳及固定钢丝绳的卡子是否牢固可靠。

⑧将主离合器操纵杆放在空挡位置上，启动发动机(若是手摇启动要注意摇把反击伤人；若系手拉绳启动，不可将拉绳缠在手上)。检查各仪表、传动机构、工作装置、制动机构是否正常，确认无误后，方可开始工作。

⑨发动机启动后，严禁有人站在铲斗内、臂杆上、履带和机棚上。

(4)挖掘机在工作中的注意事项

①挖掘机工作时，应停放在坚实、平坦的地面上。轮胎式挖掘机应把支腿顶好。

②挖掘机工作时应当处于水平位置，并将行走机构刹住。若地面泥泞、松软和有沉陷危险时，应用枕木或木板垫妥。

③铲斗挖掘时每次吃土不宜过深，提斗不要过猛，以免损坏机械或造成倾覆事故。铲斗下落时，注意不要冲击履带及车架。

④若必须在挖掘机回转半径内工作时，挖掘机必须停止回转，并将回转机构刹住后方可进行工作。同时，机上机下人员要彼此照顾，密切配合，确保安全。

⑤挖掘机装载活动范围内,不得停留车辆和行人。若往汽车上卸料时,应等汽车停稳,驾驶员离开驾驶室后,方可回转铲斗,向车上卸料。挖掘机回转时,应尽量避免铲斗从汽车驾驶室顶部越过。卸料时,铲斗应尽量放低,但要注意不得碰撞汽车的任何部位。

⑥挖掘机回转时,应用回转离合器配合回转机构制动器平稳转动,禁止急剧回转和紧急制动。

⑦铲斗未离开地面前,不得做回转、行走等动作。铲斗满载悬空时,不得起落臂杆和行走。

⑧拉铲作业中,当拉满铲后,不得继续铲土,防止超载。拉铲挖沟、渠、基坑等项作业时,应根据深度、土质、坡度等情况与施工人员协商,确定机械离边坡的距离。

⑨反铲作业时,必须待臂杆停稳后再铲土,防止斗柄臂杆与沟槽两侧相互碰击。

⑩履带式挖掘机移动时,臂杆应放在行走的前进方向,铲斗距地面高度不超过1 m。并将回转机构刹住。

⑪挖掘机上坡时,驱动轮应在后面,臂杆应在前面;挖掘机下坡时,驱动轮应在前面,臂杆应在后面。上下坡度不得超过20°。下坡时应慢速行驶,途中不许变速及空挡滑行。挖掘机在通过轨道、软土、黏土路面时,应铺垫板。

⑫在高的工作面上挖掘散粒土壤时,应将工作面内的较大石块和其他杂物清除,以免塌下造成事故。若土壤挖成悬空状态而不能自然塌落时,则需用人工处理,不准用铲斗将其砸下或压下,以免造成事故。

⑬挖掘机不论是作业或行走时,都不得靠近架空输电线路。如必须在高低压架空线路附近工作或通过时,机械与架空线路的安全距离,必须符合规定尺寸。雷雨天气,严禁在架空高压线近旁或下面工作。

⑭在地下电缆附近作业时,必须查清电缆的走向,并用白粉显示在地面上,并应保持1 m以外的距离进行挖掘。

⑮挖掘机行走转弯不应过急。如弯道过大,应分次转弯,每次在20°之内。

⑯轮胎挖掘机由于转向叶片泵流量与发动机转速成正比,当发动机转速较低时,转弯速度相应减慢,行驶中转弯时应特别注意。特别是下坡并急转弯时,应提前换挂低速挡,避免因使用紧急制动,造成发动机转速急剧降低,使转向速度跟不上造成事故。

⑰电动挖掘机在连接电源时,必须取出开关箱上的熔断器。严禁非电工人员安装电器设备。挖掘机行走时,应由穿耐压胶鞋或戴绝缘手套的工作人员移动电缆。并注意防止电缆擦损漏电。

⑱挖掘机在工作中,严禁进行维修、保养、紧固等工作。工作过程中若发生异响、异味、温升过高等情况,应立即停车检查。

⑲臂杆顶部滑轮的保养、检修、润滑、更换时,应将臂杆落至地面。

⑳夜间工作时,作业地区和驾驶室应有良好的照明。

(5)挖掘机工作后的注意事项

挖掘机工作后,应将机械驶离工作地区,放在安全、平坦的地方。将机身转正,使内燃机朝向阳方向,铲斗落地,并将所有操纵杆置于空挡位置,将所有制动器刹死,关闭发动机(冬季应将冷却水放净)。按照保养规程的规定,做好例行保养。关闭门窗并上锁后,方可离开。

(6)其他注意事项

①挖掘机可做短距离自行转移时,一般履带式挖掘机自行距离不应大于5 km。轮胎式挖掘机可不受限制。但均不得做长距离自行转移。

②挖掘机可做短距离自行转移时,应对行走机构进行一次全面润滑,行驶时,驱动轮应在后方,行走速度不宜过快。

③挖掘机装卸车时,应由经验丰富的吊装工指挥。装卸过程中,挖掘机在坡道上严禁回转或转向。装车时若发生危险情况,可将铲斗放下,协助制动,然后挖掘机缓缓退下。

实操任务单

编号:WS-05-01

系别:__________ 专业:__________ 班级:__________

学习情境名称:挖掘机的静机训练(开动挖掘机的注意事项,上机前的准备)

能力目标	1. 安全方面主要应该注意的方面 2. 挖掘机在工作前,应做好的准备工作 3. 挖掘机在工作中,应注意的安全事项 4. 了解挖掘机的动力系统和制动系统
准备	挖掘机,操作手册
内容	1. 安全方面主要应该注意哪3个方面 2. 挖掘机在工作前,应做好哪些准备工作 3. 挖掘机在工作中,应注意哪些安全事项 4. 挖掘机工作后,应该如何停机 5. 挖掘机装卸车时,应该如何处理
评分标准	每空10分
评价: 1. 自评 2. 互评 3. 教师评价 考核结果(等级): 教师:______ 年　月　日	

5.2　挖掘机操作

如图5.1所示，一般挖掘机左右两边各有一个操作杆。右手往前是放下大臂，往后拉是抬起大臂，往左边是铲斗收起，往右边是铲斗打开，右边按正手方向，往前是斗杆往外伸，往后拉是斗杆收回，往左是左回转，往右是右回转。反手方向，往前推操作杆是右回转，往后拉操作杆是左回转，往身边拉是收斗杆，往左是伸操作杆。前面脚下还有两个操作杆是行走，只有前后方向。

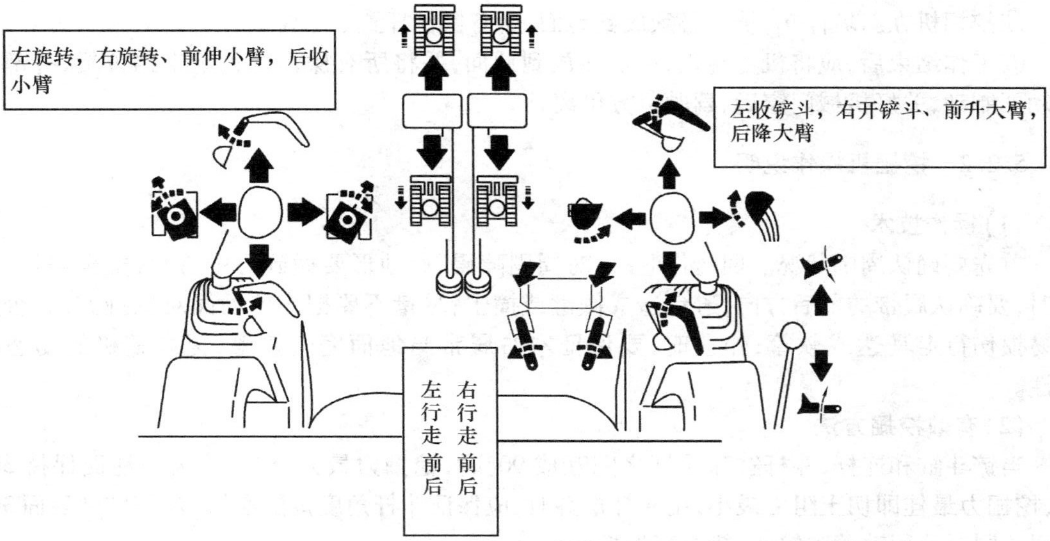

图5.1　挖掘机操作手柄图解

5.2.1　挖掘机安全操作流程

(1)作业前准备

①仔细阅读挖掘机相关使用说明材料，熟悉所驾驶车辆的使用和保养状况。

②详细了解施工现场任务情况，检查挖掘机工作停机处土壤坚实性和平稳性。在挖掘基坑、沟槽时，检查路堑和沟槽边坡稳定性。

③严禁任何人员在作业区内停留，工作场地应便于自卸车出入。

④检查挖掘机液压系统、发动机、传动装置、制动装置、回转装置以及仪器、仪表，在经试运转并确认正常后才可以工作。

(2)作业与行驶中要求

①操作开始前应发出信号。

②作业时，要注意选择和创造合理的工作面，严禁掏洞挖掘；严禁将挖掘机布置在两个挖掘面内同时作业；严禁在电线等高空架设物下作业。

③作业时，禁止随便调节发动机、调速器以及液压系统、电器系统；禁止用铲斗击碎或用回转机械方式破碎坚固物体；禁止用铲斗杆或铲斗油缸顶起挖掘机；禁止用挖掘机动臂拖拉

位于侧面重物;禁止工作装置以突然下降的方式进行挖掘。

④挖掘机应在汽车停稳后再进行装料,卸料时,在不碰及汽车任何部位的情况下,铲斗应尽量放低,并禁止铲斗从汽车驾驶室上越过。

⑤液压挖掘机正常工作时,液压油温应在 50 ~ 80 ℃。机械使用前,若低于 20 ℃时,要进行预热运转;达到或超过 80 ℃时,应停机散热。

(3)作业后要求

①挖掘机行走时,应有专人指挥,且与高压线距离不得少于 5 m。禁止倒退行走。

②在下坡行走时应低速、匀速行驶,禁止滑行和变速。

③挖掘机停放位置和行走路线应与路面、沟渠、基坑保持安全距离。

④挖掘机在斜坡停车,铲斗必须放到地面,所有操作杆置于中位。

⑤工作结束后,应将机身转正,将铲斗放到地面,并将所有操作杆置于空挡位置,各部位制动器制动,关好机械门窗后,驾驶员方可离开。

5.2.2 挖掘机操作说明

(1)操作技术

首先要确认周围状况。回转作业时,对周围障碍物、地形要做到心中有数,安全操作;作业时,要确认履带的前后方向,避免造成倾翻或撞击;尽量不要把终传动面对挖掘方向,否则容易损伤行走马达或软管;作业时,要保证左右履带与地面完全接触,提高整机的动态稳定性。

(2)有效挖掘方法

当铲斗缸和连杆、斗杆缸和斗杆之间互成 90°时,挖掘力最大;铲斗斗齿和地面保持 30°时,挖掘力最佳即切土阻力最小;用斗杆挖掘时,应保证斗杆角度范围在从前面 45°到后面 30°之间。同时使用动臂和铲斗,能提高挖掘效率。

(3)挖掘岩石

使用铲斗挖掘岩石会对机器造成较大破坏,应尽量避免;必须挖掘时,应根据岩石的裂纹方向来调整机体的位置,使铲斗能够顺利铲入,进行挖掘;把斗齿插入岩石裂缝中,用斗杆和铲斗的挖掘力进行挖掘(应留意斗齿的滑脱);未被碎裂的岩石,应先破碎再使用铲斗挖掘。

(4)坡面平整作业

进行平面修整作业时,应将机器平放地面,防止机体摇动,要把握动臂与斗杆的动作协调性,控制两者的速度对于平面修整作业至关重要。

(5)装载作业

机体应处于水平稳定位置,否则回转卸载难以准确控制,从而延长作业循环时间;机体与卡车要保持适当距离,防止在做 180°回转时机体尾部与卡车相碰;尽量进行左回转装车,这样做视野开阔、作业效率高,同时要正确掌握旋转角度,以减少用于回转的时间;卡车位置应比挖掘机低,以缩短动臂提升时间,且视线良好;先装沙土、碎石,再放置大石块,这样可减少对车厢的撞击。

(6)松软地带或水中作业

在软土地带作业时,应了解土壤松实程度,并注意限制铲斗的挖掘范围,防止滑坡、塌方等事故发生以及车体沉陷较深。

在水中作业时，应注意车体允许的水深范围（水面应在托链轮中心以下）；如果水平面较高，回转支承内部将因水的进入导致润滑不良，发动机风扇叶片受水击打导致折损，电器线路元件由于水的侵入发生短路或断路。

(7)吊装作业

用液压挖掘机进行吊装操作时，应确认吊装现场周围状况，使用高强度的吊钩和钢丝绳，吊装时要尽量使用专用的吊装装置；作业方式应选择微操作模式，动作要缓慢平衡；吊绳长短适当，过长会使吊物摆动较大而难以精确控制；要正确调整铲斗位置，以防止钢丝绳滑脱；施工人员尽量不要靠近吊装物，以防止因操作不当发生危险。

(8)平稳的操作方法

作业时，机器的稳定性不仅能提高工作效率，延长机器寿命，而且能确保操作安全（把机器放在较平坦的地面上）；驱动链轮在后侧比在前侧的稳定性好，且能够防止终传动遭受外力撞击；履带在地面上的轴距总是大于轮距，因此朝前工作稳定性好，要尽量避免侧向操作；要保持挖掘点靠近机器，以提高稳定性和挖掘效率；假如挖掘点远离机器，造成重心前移，作业就不稳定；侧向挖掘比正向挖掘稳定性差，如果挖掘点远离机体中心，机器会更加不稳定，因此挖掘点与机体中心应保持合适的距离，以使操作平衡、高效。

(9)值得注意的操作

液压缸内部装有缓冲装置，能够在靠近行程末端逐渐释放背压；如果在到达行程末端后受到冲击载荷，活塞将直接碰到缸头或缸底，容易造成事故，因此到行程末端时应尽量留有余隙。

利用回转动作进行推土作业将引起铲斗和工作装置的不正常受力，造成扭曲或焊缝开裂，甚至销轴折断，应尽量避免此种操作。

利用机体质量进行挖掘会造成回转支承不正常受力状态，同时会对底盘产生较强的振动和冲击，因此会对液压缸或液压管路产生较大的破坏。

在装卸岩石等较重物料时，应靠近卡车车厢底部卸料，或先装载泥土，然后装载岩石，禁止高空卸载，以减小对卡车的撞击破坏。

履带陷入泥中较深时，在铲斗下垫一块木板，利用铲斗的底端支起履带，然后在履带下垫上木板，将机器驶出。

(10)正确的行走操作

挖掘机行走时，应尽量收起工作装置并靠近机体中心，以保持稳定性；把终传动放在后面以保护终传动。

要尽可能地避免驶过树桩和岩石等障碍物，防止履带扭曲；若必须驶过障碍物时，应确保履带中心在障碍物上。

过土墩时，要始终用工作装置支承住底盘，以防止车体剧烈晃动甚至翻倾。

应避免长时间停在陡坡上怠速运转发动机，否则会因油位角度的改变而导致润滑不良。

机器长距离行走，会使支重轮及终传动内部因长时间回转产生高温，机油黏度下降和润滑不良，因此应经常停机冷却降温，延长下部机体的寿命。

禁止靠行走的驱动力进行挖土作业，否则过大的负荷将会导致终传动、履带等下车部件的早期磨损或破坏。

上坡行走时，应该让驱动轮在后，以增加触地履带的附着力。

下坡行走时，应该让驱动轮在前，使上部履带绷紧，以防止停车时车体在重力作用下向前滑移而引起危险。

在斜坡上行走时，工作装置应置于前方以确保安全，停车后，把铲斗轻轻地插入地面，并在履带下放上挡块。

在陡坡行走转弯时，应将速度放慢，左转时向后转动左履带，右转时向后转动右履带，这样可降低在斜坡上转弯时的危险。

实操任务单

编号：WS-05-02

系别：______ 专业：______ 班级：______

学习情境名称： 挖掘机操作

能力目标	1. 能知道驾驶室每一个操作手柄的每一项基本功能 2. 能熟悉车辆的使用情况和保养状况 3. 能了解施工现场任务情况，能够检查挖掘机工作停机处土壤坚实性和平稳性 4. 能够了解施工作业中的安全基础知识 5. 学习后能将所有的知识融会贯通，举一反三
准备	认真阅读挖掘机操作说明
内容	1. 挖掘机要直线行驶时怎么办 2. 挖掘机行驶需要转弯时怎么操作 3. 挖掘机工作装置铲斗工作时操作哪个手柄 4. 挖掘机小臂工作时操作哪个手柄 5. 挖掘机大臂工作时操作哪个手柄 6. 挖掘机做复合动作时怎么操作 7. 挖掘机操作方法： 左手操作杆：向前是 右手操作杆：前压是 向后是 后拉是 向左是 向右是 向右是 向左是
评分标准	每题 10 分
评价： 1. 自评 2. 互评 3. 教师评价 考核结果（等级）： 教师：______ 年 月 日	

5.3　挖掘机挖掘作业

①首先要确认周围状况。回转作业时，对周围障碍物、地形要做到心中有数，安全操作；作业时，要确认履带的前后方向，避免造成倾翻或撞击；尽量不要把终传动面对挖掘方向，否则容易损伤行走马达或软管；作业时，要保证左右履带与地面完全接触，提高整机的动态稳定性。

②当铲斗缸和连杆、斗杆缸和斗杆之间互成90°时，挖掘力最大；铲斗斗齿和地面保持30°时，挖掘力最佳即切土阻力最小；用斗杆挖掘时，应保证斗杆角度范围在从前面45°到后面30°之间。同时使用动臂和铲斗，能提高挖掘效率。

③使用铲斗挖掘岩石会对机器造成较大破坏，应尽量避免；必须挖掘时，应根据岩石的裂纹方向来调整机体的位置，使铲斗能够顺利铲入，进行挖掘；把斗齿插入岩石裂缝中，用斗杆和铲斗的挖掘力进行挖掘（应留意斗齿的滑脱）；未被碎裂的岩石，应先破碎再使用铲斗挖掘。

④进行平面修整作业时应将机器平放地面，防止机体摇动，要把握动臂与斗杆的动作协调性，控制两者的速度对于平面修整作业至关重要。

⑤机体应处于水平稳定位置，否则回转卸载难以准确控制，从而延长作业循环时间；机体与卡车要保持适当距离，防止在做180°回转时机体尾部与卡车相碰；尽量进行左回转装车，这样做视野开阔、作业效率高，同时要正确掌握旋转角度，以减少用于回转的时间；卡车位置应比挖掘机低，以缩短动臂提升时间，且视线良好；先装沙土、碎石，再放置大石块，这样可以减少对车厢的撞击。

⑥在软土地带作业时，应了解土壤松实程度，并注意限制铲斗的挖掘范围，防止滑坡、塌方等事故发生以及车体沉陷较深。

在水中作业时，应注意车体允许的水深范围（水面应在托链轮中心以下）；如果水平面较高，回转支承内部将因水的进入导致润滑不良，发动机风扇叶片受水击打导致折损，电器线路元件由于水的侵入发生短路或断路。

⑦用液压挖掘机进行吊装操作时，应确认吊装现场周围状况，使用高强度的吊钩和钢丝绳，吊装时要尽量使用专用的吊装装置；作业方式应选择微操作模式，动作要缓慢平衡；吊绳长短适当，过长会使吊物摆动较大而难以精确控制；要正确调整铲斗位置，以防止钢丝绳滑脱；施工人员尽量不要靠近吊装物，以防止因操作不当发生危险。

⑧作业时，机器的稳定性不仅能提高工作效率，延长机器寿命，而且能确保操作安全（把机器放在较平坦的地面上）；驱动链轮在后侧比在前侧的稳定性好，且能够防止终传动遭受外力撞击；履带在地面上的轴距总是大于轮距，因此朝前工作稳定性好，要尽量避免侧向操作；要保持挖掘点靠近机器，以提高稳定性和挖掘效率；假如挖掘点远离机器，造成重心前移，作业就不稳定；侧向挖掘比正向挖掘稳定性差，如果挖掘点远离机体中心，机器会更加不稳定，因此挖掘点与机体中心应保持合适的距离，以使操作平衡、高效。

⑨液压缸内部装有缓冲装置，能够在靠近行程末端逐渐释放背压；如果在到达行程末端后受到冲击载荷，活塞将直接碰到缸头或缸底，容易造成事故，因此到行程末端时应尽量留有余隙。

利用回转动作进行推土作业将引起铲斗和工作装置的不正常受力,造成扭曲或焊缝开裂,甚至销轴折断,应尽量避免此种操作。

利用机体质量进行挖掘会造成回转支承不正常受力状态,同时会对底盘产生较强的振动和冲击,因此会对液压缸或液压管路产生较大的破坏。

在装卸岩石等较重物料时,应靠近卡车车厢底部卸料,或先装载泥土,然后装载岩石,禁止高空卸载,以减小对卡车的撞击破坏。

履带陷入泥中较深时,在铲斗下垫一块木板,利用铲斗的底端支起履带,然后在履带下垫上木板,将机器驶出。

⑩挖掘机行走时,应尽量收起工作装置并靠近机体中心,以保持稳定性;把终传动放在后面以保护终传动。

要尽可能地避免驶过树桩和岩石等障碍物,防止履带扭曲;若必须驶过障碍物时,应确保履带中心在障碍物上。

过土墩时,要始终用工作装置支承住底盘,以防止车体剧烈晃动甚至翻倾。

应避免长时间停在陡坡上怠速运转发动机,否则会因油位角度的改变而导致润滑不良。

机器长距离行走,会使支重轮及终传动内部因长时间回转产生高温,机油黏度下降和润滑不良,因此应经常停机冷却降温,延长下部机体的寿命。

禁止靠行走的驱动力进行挖土作业,否则过大的负荷将会导致终传动、履带等下车部件的早期磨损或破坏。

上坡行走时,应该让驱动轮在后,以增加触地履带的附着力。

下坡行走时,应该让驱动轮在前,使上部履带绷紧,以防止停车时车体在重力作用下向前滑移而引起危险。

在斜坡上行走时,工作装置应置于前方以确保安全,停车后,把铲斗轻轻地插入地面,并在履带下放上挡块。

在陡坡行走转弯时,应将速度放慢,左转时向后转动左履带,右转时向后转动右履带,这样可以降低在斜坡上转弯时的危险。

⑪首先要把锤头垂直放在待破碎的物体上。开始破碎作业时,抬起前部车体大约 5 cm,破碎时,破碎头要一直压在破碎物上,如破碎物已被破碎后应立即停止破碎操作。

破碎时,由于振动会使锤头逐渐改变方向,因此应随时调整铲斗缸,使锤头方向垂直于破碎物体表面。

当锤头打不进破碎物时,应改变破碎位置;在一个地方持续破碎不要超过 1 min,否则不仅锤头会损坏,而且油温会异常升高;对于坚硬的物体,应从边缘开始逐渐破碎。

严禁边回转边破碎、锤头插入后扭转、水平或向上使用液压锤和将液压锤当凿子用。

挖掘机挖掘作业液压原理图如图 5.2 所示。

当操纵杆移动到“动臂升起”“斗杆伸出”以及“铲斗关闭”和“右回转”位置时,先导泵 29 输出的油进行如下流动:

①操纵杆在“动臂升起”位置时,先导油分别通过先导油道 21 和 15 供给到动臂 I 控制阀 9 和动臂Ⅱ控制阀 14。

②操纵杆在“斗杆伸出”位置时，先导油分别通过油管 17、先导油道 7 和 4 供给到斗杆Ⅰ控制阀Ⅱ、斗杆Ⅱ控制阀 10 和动臂Ⅱ控制阀 14。

③操纵杆在“铲斗关闭”和“右回转”位置时，先导油分别通过先导油道 20 和 5 供给到铲斗控制阀 8 和回转控制阀 16。

当工作方式选择开关在“回转优先模式”位置时，回转优先电磁阀 27 通电，先导油道 23 和排油道 26 连通，这时各个阀的动作如下：

①作用在动臂Ⅱ控制阀 14 两个控制油口上的先导油压相等时，动臂Ⅱ控制阀复位，切断了来自平行油道 12 的油。

②当先导油道 23 与排油道 26 连通时，压力控制阀 25 换向，关闭了油道 18 和排油道 24 之间的通道，油道 18 中的油被封锁。此时，逻辑阀 13 保持关闭，从平行油道 12 向斗杆Ⅰ控制阀供油。

③当斗杆 11 控制阀在先导油道 7 的作用下换向时，选择阀 22 打开。这时由下泵 30 输出的从平行油道 12 来的所有的油通过回转控制阀 16 供给回转马达。回转马达输出的转矩仅用来保持铲斗抵住边沟而不回转。当回转油压达到安全阀设定压力(27.5 MPa)时，所有供应到回转马达的油都通过安全阀排回液压油箱，回转马达转矩增大，确保铲斗抵住边沟。在平行油道 19 中，上泵 28 输出的油分成 3 路：一路通过铲斗控制阀 8 到铲斗油缸；一路通过动臂Ⅰ控制阀 9 到动臂油缸；另一路通过选择阀 22、油管 6 和斗杆Ⅰ控制阀Ⅱ到斗杆油缸。

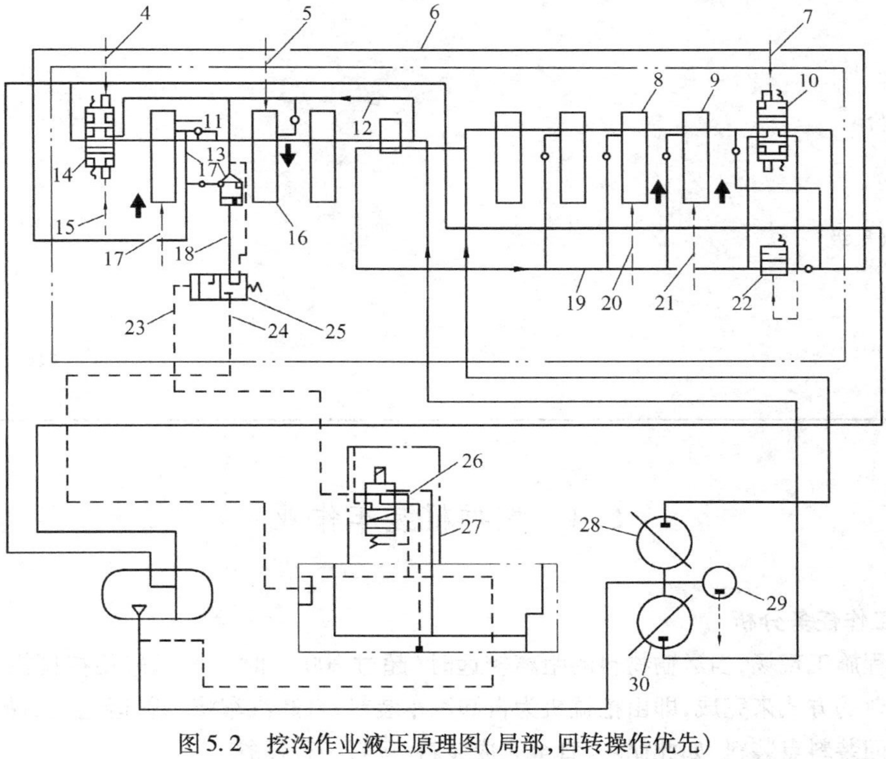

图 5.2　挖沟作业液压原理图(局部，回转操作优先)

4、5、7、15、20、21、23—先导油道；6、17—油管；8—铲斗控制阀；9—动臂Ⅰ控制阀；10—斗杆Ⅱ控制阀；11—斗杆Ⅰ控制阀；12、19—平行油道；13—逻辑阀；14—动臂Ⅱ控制阀；16—回转控制阀；18—油道；22—选择阀；24、26—排油道；25—压力控制阀；27—回转优先电磁阀；28—上泵；29—先导泵；30—下泵

实操任务单

编号:WS-05-03

系别:________　专业:________　班级:________

学习情境名称:挖掘机挖掘作业

能力目标	1. 挖掘机在工作中,应注意的安全事项 2. 挖掘机在挖掘不同软硬土质时的操作 3. 使用破碎锤工作时的操作注意事项
准备	挖掘机的操作流程与设备认识
内容	1. 如何用挖掘机进行挖沟作业 2. 如何用挖掘机进行平地操作 3 如何使用破碎锤进行粉碎石块操作
评分标准	每题 10 分
评价: 1. 自评 2. 互评 3. 教师评价 考核结果(等级): 教师:________ 年　月　日	

5.4　挖掘机装车作业

(1)工作任务分析

在工程施工现场,当运输物料的距离较远时(超过 200 m 时),经常采用挖掘机与自卸汽车配合作业的方式来完成,即由挖掘机为自卸汽车装料,自卸汽车将物料运送至目的地卸料,然后再返回装料点装料,如此循环,直至完成装料、运料工程任务。

一般情况下,一台挖掘机可与多辆自卸车配合作业,自卸车的数量除了与挖掘机、自卸车性能有关外,还与运料距离、道路情况、驾驶员的操作技术等因素有关。

(2)问题的提出

在工程施工现场,通过对挖掘机与自卸车配合作业的工作过程进行分析,当挖掘机铲斗容积与自卸车货厢容积之比符合要求(为 1:(3~5)),自卸车数量、运距与道路条件一定时,挖掘机工作生产率在很大程度上与其作业方式有关。

如何才能在较短的时间里为自卸车汽车装满料?

(3)分析问题

在生产现场,经常采用反铲装载作业法和回转装载作业法来为自卸车完成装料任务。

1)反铲装载作业法

反铲装载作业法如图 5.3 所示。

挖掘机从高于自卸车的地基上进行装车的方法,即为反铲装载法。

挖掘机装车作业分 4 道工序,即挖掘→大臂提升回转→卸土→降下大臂回转。

其特点是:反铲装载法效率高,视野好,易装载。

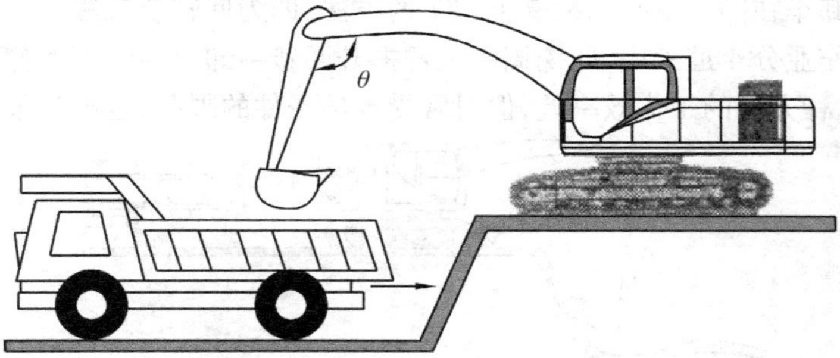

图 5.3　反铲装载法

①平台的设计

a. 平台高度设置应与翻斗车车厢相等或略高。

b. 平台要平整、稳定、牢固。

②挖土和装车方法

挖土和装车方法如图 5.4、图 5.5 所示。

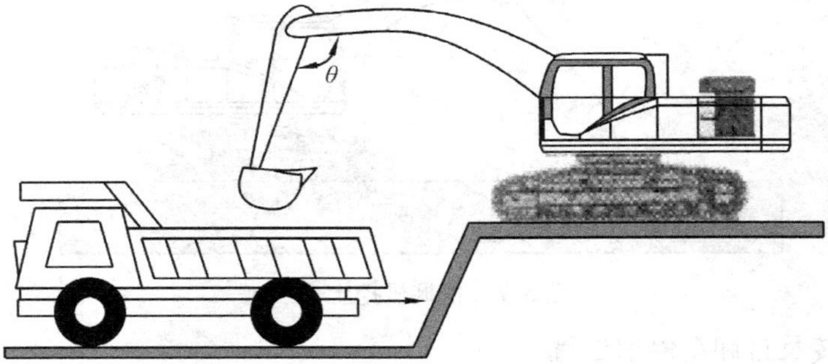

图 5.4　挖土和装车方法

a. 在挖掘土壤时,把平台分成两层,铲斗角成 60°,进行挖进。

b. 先挖上侧,然后挖下侧,交替挖掘,此时挖掘阻力较小。

c. 装满铲斗后回转,使铲斗高度高于车厢,进行待机。

d. 自卸车倒车时要注意铲斗的位置，到达装车位置后，挖掘机鸣喇叭示意停车。

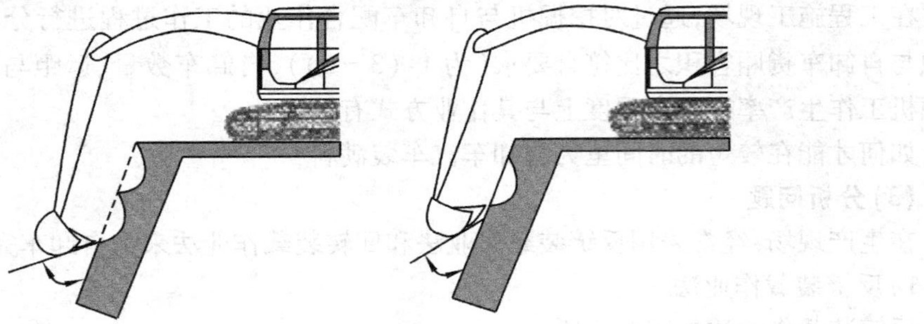

图 5.5　挖土方法

2) 回转装载作业法

回转装载作业法如图 5.6 所示。

挖掘机和自卸车在同一水平的地基上装车的方法，即为回转装载法。

挖掘机装车作业分 4 道工序，即挖掘→大臂提升回转→卸土→降下大臂回转。

其特点是：这种方法的工作效率差，但时常受现场条件的限制，也经常采用。

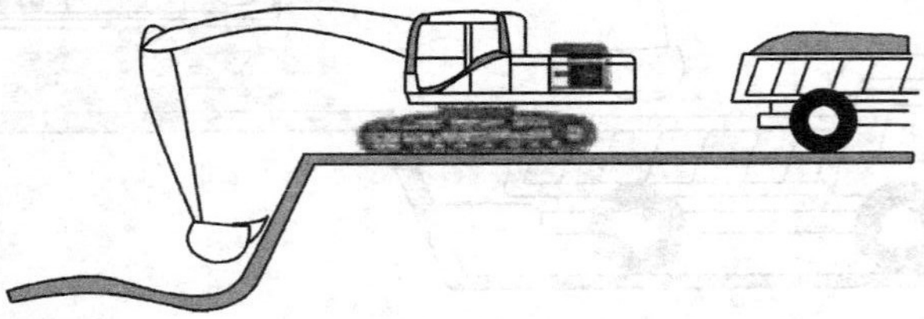

图 5.6　回转装载法

①挖掘机挖土方法

挖掘机挖土方法如图 5.7 所示。

挖掘开始时，先从斗杆最大作用范围挖起。为了减少大臂提升回转时包括斗杆在内的 3 种复合操作，铲斗要取最佳挖掘角度，匀滑地作业。

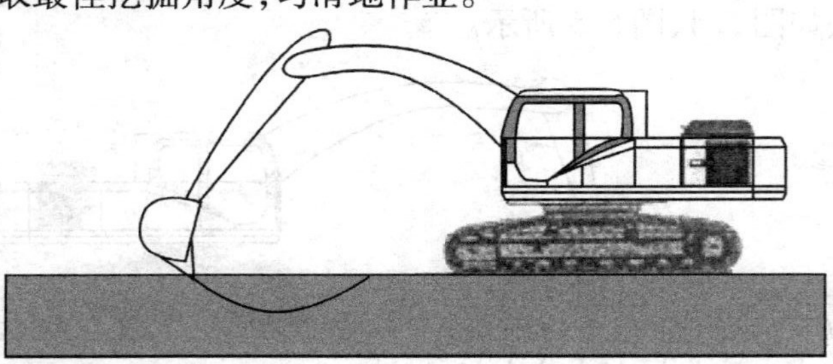

图 5.7　挖掘机挖土方法

②挖掘机回转及自卸车停泊位置

挖掘机回转及自卸车停泊位置如图 5.8 所示。

a. 挖掘、铲土后，大臂举升、回转进行待机。

b. 自卸车一边注意铲斗位置一边倒车，倒至挖掘机斗杆能达到自卸车最前部时，挖掘机按喇叭示意停车。

c. 自卸车车身与履带要成直角。

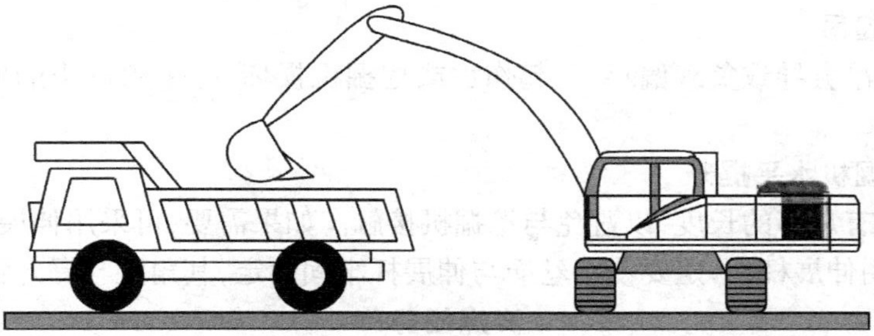

图 5.8　挖掘机回转及自卸车停泊位置

③卸土及回转

卸土及回转如图 5.9 所示。

a. 铲斗通过车厢侧板的同时，进行铲斗卸料操作，向中间排出。

b. 最后一次卸土时通过伸展斗杆与铲斗的复合操作，把车厢内堆土平整均匀。

c. 然后回转并且在大臂下降的同时配合铲斗的铲土角操作，迅速复位至挖掘的地方。

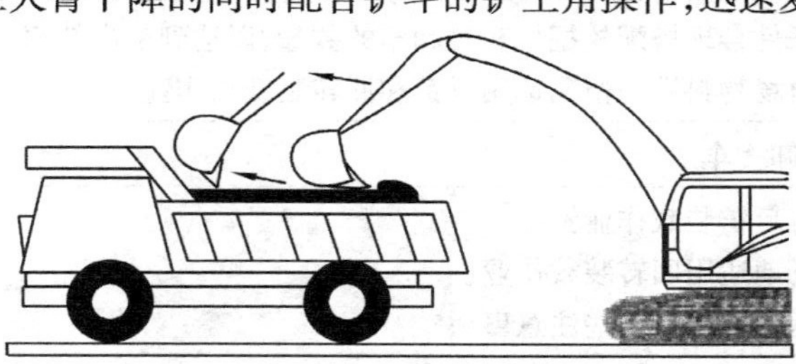

图 5.9　卸土及回转

(4) 选用装车原则

根据料场物料堆积情况尽可能采用反铲装载作业法。或者人为创造平台条件采用反铲装载作业法，以提高生产效率。

【阅读材料】

(1) 挖掘机的运输

挖掘机运输应遵守法规，若有不明白的地方，可询问地方政府。

检查要经过道路的宽度、载重限制和交通限制性规定，可能需要经过特别的申请和许可。

(2) 上下拖车

从挖掘机上拆下配重或拆卸前部装置或任何其他部件会影响挖掘机的稳定性，这将导致挖掘机意外移动并造成严重伤亡。

只有在上部结构与底部结构方向一致的情况下才能拆下配重或前部装置。

一旦拆卸下配重或前部装置，不要做回转动作。

(3) 卸车

卸挖掘机时，小心拖车车床板后边与斜坡接触点，挖掘机通过此处时可能倾翻。

挖掘机在拖车上移动时，斗杆和动臂应保持 90 ~ 110°，并慢慢移动（保持小臂缩起会损坏机器）。

将挖掘机卸下斜板直至铲斗接触地面。

挖掘机完全卸下后，抬高前部装置，慢慢行走。

(4)用钢缆起吊

不正确的起吊会导致负载偏斜,引起伤亡或挖掘机损坏,应采用适当的钢丝绳和吊具进行起吊。

(5)确保挖掘机水平提升

起吊绳缆要有足够的长度,以避免与挖掘机接触。如果需要,可采用伸展杆。

注意:若使用伸展杆,一定要使钢丝绳与伸展杆牢固固定,其角度与提升强度有关。

实操任务单

编号:WS-05-04

系别:__________ 专业:__________ 班级:__________

学习情境名称:挖掘机装车作业

能力目标	1. 知道装车作业的条件 2. 了解装车作业的方式 3. 会根据距离选用合适的自卸车数量 4. 能根据条件合理搭配挖掘机和自卸车的数量,以达到最高效率 5. 能根据料场物料堆积情况选用反铲和回转装载法作业
准备	挖掘机,自卸货车
内容	1. 如何进行反铲装载作业? 2. 在什么场地适用回转装载作业? 3. 挖掘机运输需要有哪些注意事项?
评分标准	每题 10 分

评价:

1. 自评

2. 互评

3. 教师评价

考核结果(等级):

教师:________

年 月 日

第6章 挖掘机的维护保养

6.1 挖掘机的维护保养周期

挖掘机属于精密复杂的工程机械,长期高负荷工作,因此需要良好的保养。行业内有句话最经典——最好的维修就是保养,可见日常保养的重要性。挖掘机的保养周期是由采用的各总成的结构、材料、工况不同,对机器的磨损不同而变化的。对挖掘机实行定期维护保养的目的是为了减少机器的故障,延长机器使用寿命,缩短机器的停机时间,提高工作效率,降低作业成本。

(1)保养周期

1)10 h/日常保养

向动臂、斗杆和前部装置的销内注黄油。

检查发动机油位。

检查液压油箱油位。

检查液压系统有无泄漏。

检查燃油油位。

检查油水分离器。

检查燃油系统有无渗漏。

检查冷却系统并按要求添加冷却液。

检查玻璃清洗液的液位。

检查铲斗斗齿和侧齿有无磨损。

检查发动机风扇皮带有无破裂和磨损,张紧力是否合适。

检查座椅安全带是否适合操作。

检查结构有无裂缝或开焊。

检查所有操作开关。

检查所有的外部灯、喇叭、控制指示器和监视器灯。

启动发动机,检查发动机启动性能,检查启动时的排气颜色和正常工作时的排气颜色,检查有无杂音。

检查所有操作机构是否灵活可靠，各挡位挂接是否顺畅。

检查螺栓和螺母，防止松动和遗失。

检查履带部分的张紧度，有无松动、噪声或破损部分（链节、履带板、托轮、惰轮）。

清洗发动机空气滤清器防护罩。

2）50 h/每周保养。

进行每 10 h/日常保养检查。

向转轴油孔内注入黄油。

向回转轴承注入黄油。

检查动臂回转油缸头。

检查燃油箱排放阀。

更换发动机机油和滤芯。

检查水箱、油冷却液和空气冷凝器芯子。

检查电解液和充电量。

清洗燃油箱滤清器。

3）100 h 保养

进行每 10 h/日常保养检查和 50 h/每周保养检查。

清理空气滤清器的滤芯。

更换液压油回油滤清器滤芯。

更换全流量液压油滤芯。

4）250 h/每月保养

进行所有 10 h/日常，50 h/每周，100 h 保养检查。

更换机油及滤芯。

从液压油箱排除杂质。

检查前端工作装置销和衬套有无磨损。

检查燃油系统软管夹。

5）500 h/3 个月保养

进行所有 10 h/日常，50 h/每周，100 h、250 h 保养检查。

更换燃油滤芯。

更换水箱冷却液。

更换全流量液压油滤芯。

更换空气滤清器滤芯。

检查行走减速装置两侧的油位。

6）1 000 h/6 个月保养

进行所有 10 h/日常，50 h/每周，100 h、250 h、500 h 保养检查。

更换行走减速装置油（每一侧）。

检查螺栓是否松动。

清洗主燃油喷射泵滤芯。

更换液压油箱空气滤清器滤芯。

7)2 000 h/每年保养

进行所有10 h/日常,50 h、100 h、250 h、500 h和1 000 h保养检查。

更换液压油及清理油滤清器。

检查发动机和启动机。

检查所有防振橡胶块。

进行并记录每次循环测试的结果。

检查机器焊接件,是否有裂开或开焊或其他结构件是否有损坏。

8)4 000 h/每两年保养

重要部件应周期性更换。

(2)保养要点

发动机是挖掘机的心脏,发动机是否能正常工作直接关系到挖掘机的出勤率,工作效率,燃油效率,等等。首先要谈谈柴油,国内柴油的质量太差,电喷机的油嘴很精贵,有条件的最好购买柴油过滤机,对柴油先过滤一遍,这对直喷机就有点奢侈了。最简单易行廉价的方法就是用丝袜过滤。每次启动发动机前,最好先检查油液(冷却液和机油)液面,发现缺少及时添加。检查油水分离器中有无水和杂物,若有,则及时排出。机油和机油滤芯的更换周期一般是250 h,若挖掘机尚未工作到250 h,但已有6个月,也最好更换掉。许多机械会添加JB等引擎保护修复剂,这种引擎保护修复剂内含有各种添加剂,对发动机有一定的保护和修复作用,特别是增加机油黏度。但添加时要注意,先将引擎保护修复剂加入一定比例(引擎保护修复剂标识上有注明)的机油中搅匀,再向发动机中,间隔一次再添加,最好不要连续添加。特别是用红壳加引擎保护修复剂,很容易把环抱死,因为红壳的高温黏度比同级别的机油要高出许多。空滤堵塞会造成进气量不足,导致发动机功率不足。进气洁净度过低会直接缩短发动机寿命,因此对于在扬尘现场的机器要缩短空滤保养周期。最好是加装油浴式预滤器。

关于液压系统的保养,首先要从液压系统的特点来说,液压传动具有体积小,质量轻,结构紧凑,工作精准平稳,易于实现自动化无级调速过载保护,自行润滑,磨损少,使用寿命长等优点。下面谈谈不足之处,液压部件对液压油的清洁度要求较高,特别是柱塞泵和柱塞马达,因此液压系统的保养最主要的就是定期更换液压系统的滤芯,保持液压油的清洁度,对安装破碎锤的挖掘机要特别注意,每隔250 h就要更换液压回油滤清器,检查液压油。注意应该更换液压油箱通气滤芯,这一点许多人会忽略。由于存在摩擦损失和泄漏损失,液压系统能量损失较大。这与液压油的黏度有很大关系,而黏度对温度变化比较敏感,因此要严防系统高温。系统高温降低机械的工作效率,加速密封件的老化,减少液压元件的使用寿命。每500 h检查散热系统,清理散热器片、散热器网。检查风扇皮带张紧度,在发电机皮带轮和水泵皮带轮之间的中位,用手指下压(用力大约为58.8 N)皮带,皮带正常变形量为5~6 mm。大多数挖掘机采用柱塞泵,缺点就是自吸性差,不排出因修理液压泵后或者换液压油后都要对液压泵进行排气,拧开排气塞,直至油溢出为止,再拧紧放气塞。每100 h检查一次回转齿轮减速箱内油位,若没有达到油尺的标记线,应补加。若油量明显增多且黏度变小,则多是液压油进入齿轮减速箱,应更换回转马达骨架油封。对液压管件的保养主要是两点,一是避免液压胶管接触有腐蚀性的柴油等液体;二是液压泵工作时会在液压部件内产生频率振动,因此对特殊的液压胶管要使用保护套,定期检查是否有磨损,发现磨损及时进行处理。

关于润滑点的保养,对于新机器,在最初100 h内必须每工作10 h就对各个销轴润滑点进行一次润滑。若润滑点有异常响声,则不管是否到了润滑周期,都必须润滑。对于长期进行清淤工作的挖掘机,最好使用具有良好防水型的二硫化钼润滑脂,并且缩短铲斗处各个润滑点的保养周期。冬天也最好使用高黏度的 3 号润滑脂,可以将黄油桶放在液压泵边门内,挖掘机工作一段时间温度升高后润滑脂就会变稀,不会因为黏度过高难以加注。对于许多使用中心分油器罩盖的机器来说,还要注意定期检查上车排水是否良好,以免积水通过中心分油器罩盖渗入回转支承,使润滑脂遇水变稀泄漏,减少回转支承使用寿命。

关于底盘件的保养,主要是日常检查和调节履带张紧度。在距驱动轮第 4 个支重轮处测量履带架底部与接地的履带板上部(履带板内侧)之间的距离,标准距离为 303 ± 20 mm。对于长期在坡地上工作的机械应该定期调整履带方向,以防履带长期半边受力造成半边磨损。定期检查节轨器,发现磨损及时修复加固或者更换。对于长期在滩涂盐湖地区工作的机械最好使用湿地型(带有 M 型油封)链轨节。提前拆开行走马达罩盖板,将行走马达上的内六角螺栓和调整螺栓处涂上润滑脂,以防腐蚀。及时清洗掉机身的盐分,对于已经腐蚀的部位要涂抹润滑脂减慢腐蚀速度,待后期处理。

关于电器件的保养,首先是蓄电池的保养,检查蓄电池电解液位,若液位太低,则加注蒸馏水,应急时可以用瓶装纯洁水替代。蓄电池处禁止摆放物体,许多火灾都是蓄电池短路引起。灰尘会降低电器件散热性能,导致电器件温度过高,严重时会烧毁器件。灰尘还有可能造成线束插头接触不良,影响机器正常工作,甚至引发短路引发火灾。因此要保持驾驶室内清洁。还有驾驶室内残留开封的食品,会引来老鼠,大家都知道老鼠是啮齿类动物,会啃撕物品,如果啃咬线路就会造成短路引发火灾。还有进行电气系统维护之前,应断开蓄电池的负极接头。

实操任务单

编号:WS-06-01

系别:______________ 专业:______________ 班级:______________

学习情境名称:挖掘机的维护保养周期

能力目标	1. 了解挖掘机各总成 2. 知道挖掘机的维护周期的影响因素 3. 了解挖掘机的维护周期内容及步骤 4. 学会讲解日常维护内容
准备	挖掘机
内容	1. 请简述挖掘机的日常维护注意事项和保养流程 2. 挖掘机的保养分为多少个周期,每个周期需要完成哪些工作任务 3. 挖掘机维护人员的三会(会说,会写,会做)分别指的是什么
评分标准	每题 10 分

续表

评价： 1. 自评   2. 互评   3. 教师评价   考核结果(等级)：   教师：________ 年　月　日

6.2　挖掘机的保养用油

6.2.1　燃油选取与管理

液压挖掘机通常都采用高速柴油机,燃油多选用轻柴油。GB 252—81 规定,轻柴油有 5 种牌号,凝点分别不高于 10 ℃、0 ℃、-10 ℃、-20 ℃和-35 ℃,十六烷值不小于 43 ~ 50,运动黏度(20 ℃)不小于 2.5 ~ 7.0 厘斯。液压挖掘机选用的柴油,其凝点应比工况温度低 5 ~ 10 ℃。例如,在夏季,环境温度为 30 ℃时,可选用 10 号轻柴油;春季或秋季,环境温度为 10 ℃时,可选用 0 号轻柴油;冬季要选用低凝点的油,以避免石蜡析出而造成阻塞。柴油在-20 ℃时,流动性很差,低温启动困难,可采用乙醚和航空煤油按 1:1 配制的易燃启动液作启动用。柴油箱中的柴油必须及时补充,防止吸干。每周应检查一次柴油是否受污染,是否有沉积物,还要清洗滤油器。柴油主要为柴油机的工作提供所需能量并为燃油系统内的精密部件提供冷却和润滑。市场上供应的大部分柴油都可以满足挖掘机所安装柴油机的使用要求,但其必须满足黏度、十六烷值、含硫量、浊点、水和沉淀物含量等性能指标的要求。其中,黏度、十六烷值、浊点等指标在选用了合适的柴油牌号后,一般情况下其性能指标不会发生改变,但水和沉淀物的指标会因为运输、存储、添加和维护不当等原因造成超标,超过规定的含量要求(低于 0.05 体积百分比),从而加重柴油机燃油系统的磨损,造成发动机启动困难、动力下降、冒黑烟等故障。

为此,挖掘机用户在操作中务必做到以下 3 点:

①选用符合使用要求的柴油,不使用小冶炼厂的劣质柴油。

②在柴油运输、储存、添加时采取适当的措施减少水分和杂质的混入。

③严格按照《操作保养手册》规定的保养周期对燃油系统进行排水、滤芯更换等养护作业,并可根据作业环境适当缩短排水和滤芯更换周期。

6.2.2 润滑油选取与管理

(1)挖掘机进行集中润滑的必然性

1)润滑的基本功能

机械设备为什么要进行润滑,是因为润滑可减少摩擦、磨损,有助于缓冲和吸收冲击,降低温升,减少腐蚀,并将污染封存在外面。

①有助于缓冲和吸收冲击,在齿轮传动中,由于齿轮表面油膜的表面张力和润滑剂的弹性,使得当齿轮靠在一起时,挤在两个齿轮之间的润滑油液压力升高,当它们分开时,压力逐渐释放,正确的润滑可防止在齿轮转动时齿轮的振动或发出咔哒声。

②降低温升,润滑可以减少摩擦,吸收运动件产生的热能,使之与机器其他制冷区域进行冷热交换或通过润滑液将热量带走,防止金属因膨胀而卡住或使金属表面腐蚀,导致严重损坏。

③减少腐蚀,在润滑表面形成保护油膜,可以减少相对运动件之间由于大气或水汽接触产生的腐蚀。

④有助于缓冲和吸收冲击,润滑剂占据了接触的空间并保持承载区域的正向液体压力,可防止灰尘、水分或其他污物侵入。

2)自动集中润滑的优点

由于润滑元件技术上的原因,像其他机械设备一样挖掘机最早使用手动润滑,即操作工人通过油枪给润滑点注油。随着技术的进步,润滑元件功能、质量、可靠性大幅提高,为使用集中润滑系统提供了设备基础。与手动润滑相比,自动集中润滑油有以下优点:

①安全,方便。自动集中润滑使得操作工人无须攀登到高空危险部位(如起重臂)上进行加油,也无须爬到操作工人不宜到达的部位(如底架梁下)进行注油,既安全,又方便。

②润滑更高效。手动润滑两次润滑之间周期长,若润滑不足引起过度磨损,使脏东西和污物侵入轴承密封,导致轴承故障。自动集中润滑两次润滑之间的时间短,始终保持轴承内最佳量的润滑剂。手动润滑中总会发生过量润滑,引起过度摩擦并可能损坏轴承密封;自动集中润滑小量、定量、适时地分配润滑剂,防止轴承被任何污染物侵入,保持轴承密封的性能。

③产量增加。一是由于减少轴承故障,使挖掘机寿命增加;二是由于减少停机时间,使挖掘机作业率提高。

④减少操作费用,降低成本。一是减少了每年的人工费用和轴承更换费用;二是由于减少了摩擦,降低了动力消耗;三是减少了高空作业的危险性,从而也减少了造成工伤的可能性。

(2)集中润滑系统的类型

集中润滑系统是由一个集中油源向机器或机组的摩擦点供送润滑剂的系统,集中润滑系统按其工作方式和原理可分为不同的类型。

1)按润滑剂使用方式分

按润滑剂使用方式分为循环型润滑系统和消耗型润滑系统。循环型润滑系统润滑剂通过摩擦点后经回油管流回油箱以供重复使用,它适用于除减少摩擦外还能带走摩擦点产生部分热量的部位。消耗型润滑系统润滑剂经摩擦点后不再返回油箱重新使用。

2) 按操作方式分

按操作方式分为手动操纵、半自动操纵。手动操纵润滑系统在操作运行时,手动操纵的时间须使所有润滑点都获得规定容积的润滑剂或使用润滑系统完成一次工作循环。

3) 按工作原理分

按工作原理分为单线式系统、双线式系统、递进式系统和节流式系统。单线式系统是在间歇压力作用下润滑剂通过一条主管供送至分配器,然后送往各润滑点的集中润滑系统。单线式系统根据分配器的不同分为带先润滑单线分配器的单线系统(见图 6.1)和带后润滑单线分配器的单线式系统。

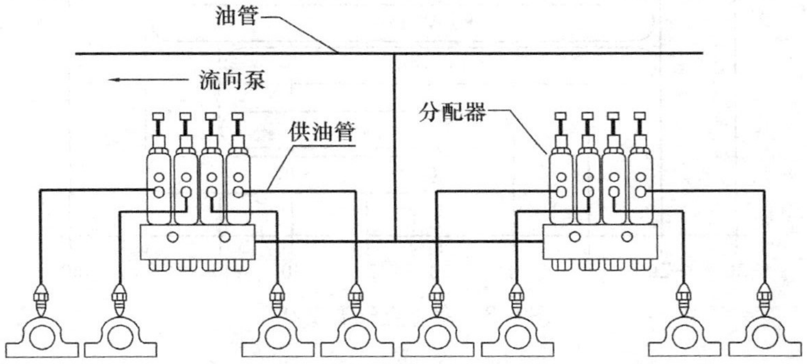

图 6.1　单线集中润滑系统

(3) 油和润滑脂

1) 液压油

在液压泵的加压下,液压油将压力送至执行器并润滑滑动部件。从原油中产生的矿物油一般用作润滑液的基础油。然后将添加剂混合到基础油中以改善其发泡、润滑及其他特性。这些油的黏度用数字表示。通常使用#46 等级的液压油(数字越小,黏度越低)。长时间持续使用会因高温、氧化、添加剂消耗而导致性能恶化,从而造成设备损坏,因此必须按照操作手册等规定的标准进行更换。

2) 发动机机油

发动机机油用于润滑、冷却和清洁滑动部件,其类型按照等级和黏度加以定义。对于柴油发动机机油型号代码以字母“C”开头,“F”则是汽油发动机机油型号代码的开头。

如图 6.2 所示为室外空气温度图。

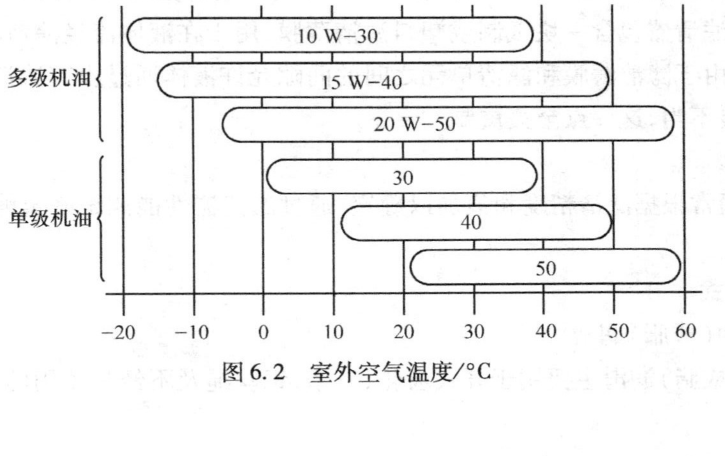

图 6.2　室外空气温度/°C

多级机油使用 CF 10 W-30 等代码加以定义,其中,10 W 表示低温条件下的黏度,而CF-30则是高温条件下所需的标准。这些机油的使用范围比单级机油广泛。

3)齿轮油

齿轮油用于润滑和清洁滑动部件,其类型按照等级和黏度加以定义。典型等级为 GL-4 和 GL-5。数字越大,表示所述机油使用的负荷和齿轮转速越高。对于发动机机油,黏度以#80 W-90和#90 等代码形式加以定义,设有单级和多级标准,并根据温度和环境条件进一步细分。

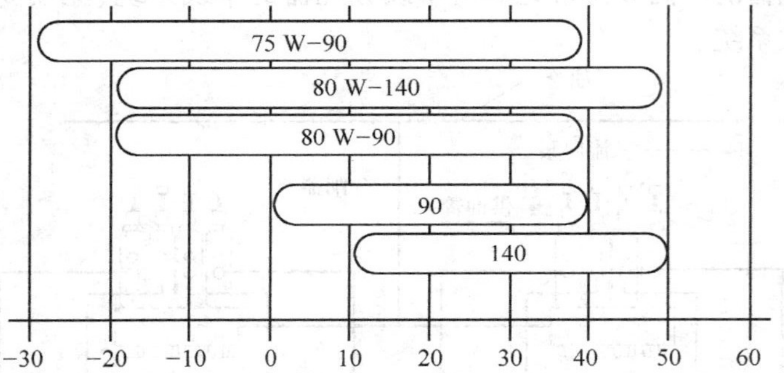

图 6.3　室外空气温度/°C

4)润滑脂

润滑脂由增稠剂、基础油和添加剂组成。

增稠剂用于保持基础油,防止其流失。而基础油则是矿物油或合成油润滑剂,必要时,还要根据润滑脂制造商认为适当的情况,添加极压剂、油性剂以及其他类型的添加剂。一般情况下,润滑脂的类型按照所用增稠剂加以定义。设有钙、锂、钠及其他等级,并根据其他性能分类进一步细分。润滑脂的硬度以稠度表示。例如,润滑脂的稠度有 000、00、0 或 1 至 6,6 为最硬等级。将不同类型的润滑脂加以混合可以使稠度明显减小,由于这样会使润滑脂更加容易流动,因而会导致润滑问题,在无法避免使用不同类型的情况下,在添加新的油脂前,必须完全清除旧的润滑脂。

(4)滤清器

1)功能

滤清器的作用是去除进入液压油或燃料回路中的污染物,从而防止组成回路的设备的磨损或迟滞黏着,滤清器包含一块纸制或塑料滤清薄膜,用于在液体流经滤清器时捕获与液体混合的污染物,由于滤清薄膜和滤清单元之间的间隙允许液体通过没有滤清的单元,因此应避免组装或安装不当,这一点至关重要。

2)性能

滤清性能通常根据滤清精度和值加以确定,通过滤清器性能测试确定滤清精度,并用微米单位表示。

(5)润滑方式

1)手工加油(或脂)润滑

手工加油(或脂)润滑主要用于开式齿轮、链条,钢丝绳及不经常使用的粗糙机械。通过油枪和油杯加油,结构最简单。可以分别控制各个润滑点的油量。对于相距很远的各个润滑点,它可以省去集中润滑系统所需要的很长的管路,从而可减轻质量。其缺点是如加油不及时,就容易造成磨损。手工加油用的油杯和油枪已有国家标准。

2)滴油润滑

滴油润滑是依靠油的自重通过装在润滑点上的油杯中的针阀或油绳滴油进行的润滑。其结构简单,使用方便,一般只需每8 h往油杯中加一次油,而且可以装在油壶加不到油的地方。但给油量不容易控制,振动、温度的变化及油面的高低都会影响给油量。不宜使用高黏度的油,否则针阀会被堵塞。主要用于滑动及滚动轴承、齿轮、链条及滑动导轨上。

3)飞溅润滑

飞溅润滑是靠浸泡在油池中的零件本身或附装在轴上的甩油环将油搅动,使之飞溅在摩擦表面上。这是闭式箱体中的滚动轴承、齿轮传动、蜗杆传动、链传动、凸轮等的较为广泛应用的一种循环润滑方式。为考虑搅拌功率损失和润滑的有效性,零件的浸泡深度有一定限制。浸在油池中的机件的圆周速度 v 一般控制在小于12 m/s,速度过高,则搅拌功率损失过大,油的氧化严重;但速度也不易过低,否则影响润滑效果。

4)油环与油链润滑

油环与油链润滑是依靠套在轴上的油环或油链将油从油池中带到润滑部位。套在轴径1上的油环2下部在油池中,当轴旋转时,靠摩擦力带动油环转动,从而把油带入轴承中,进行润滑。

5)油绳与油垫润滑

油绳与油垫润滑一般是与摩擦表面接触的毛毡垫或油绳从油中吸油,然后将油涂在工作表面上。有时没有油池,仅在开始时吸满油,以后定期用油壶补充一点油。主要应用于小型或轻载滑动轴承。这种方式的主要优点是简单,便宜,毡垫与油绳能起过滤的作用,因此比较适合多尘的场合。但由于油量少,不适用于大型或高速轴承。供油量不易调整。

6)油雾润滑

油雾润滑系统由油雾润滑装置、管道和凝缩嘴组成。油雾润滑装置主要由分水滤气器、调压阀及油雾发生器等组成。油雾润滑主要用于高速滚动轴承和高温工作条件下的链条等。此方法不仅能达到润滑目的,还起冷却和排污作用,耗油量小。其缺点是排出的气体含有悬浮的油雾,造成污染。这种方法将被油气润滑所取代。凝缩嘴按用途不同分为3类:细雾型(油粒约为5 μm)适用于球轴承;粗雾型(油粒约为30 μm)适用于滚子轴承、齿轮和链传动等;油滴型(油粒为4.5 μm)适用于滑动轴承和滑动面等。依据摩擦副的类型,所需的油雾量及油雾压力,据凝缩嘴的特性曲线确定其主要参数。

(6)防止润滑油污染的基本方法和措施

1)润滑油的选用

选用合适黏度和优良质量的润滑油,对内燃机的正常运转,延长使用寿命都有重要意义。因此,选用润滑的基本原则如下:

①根据负荷和转速选用。负荷大转速低的,如一些大型柴油机应选用黏度大的润滑油;而负荷小转速高的,如汽油机应选用黏度小的润滑油。

②根据地区、季节和气温来选用。冬季寒冷地区，如东北和西北地区应选用黏度小、凝点较低的润滑油；全年气温均较高，如江南地区应选用黏度稍大的润滑油。

③根据内燃机磨损状况选用。使用年限长，零件磨损较大的适当选用黏度大些的油品，新内燃机可选用黏度较小的润滑油。

④装有增压器的内燃机应选用专用润滑油。

⑤根据内燃机使用说明书的规定，选用指定牌号的润滑油。

2）润滑油清洁

加注润滑油时应确保加油口和加油器皿的清洁，防止灰尘沙土的侵入；按时保养润滑油滤清器；按时保养空气滤清器和燃油滤清器，以免杂质从汽缸进入曲轴箱。

3）润滑油温度

润滑油的正常工作温度是45～90 ℃。内燃机启动后应先预热，待机油温度高于45 ℃时再投入作业或行驶。当环境温度高，工作时间长，润滑油温度高于90 ℃时，应怠速运转，待温度下降后再进行工作。

4）防止水分混入润滑油

加油时防止水分或雨水侵入润滑油。运行中当发现曲轴箱油面升高时，应及时分析原因，检查水泵水封、缸体、缸盖等部件的工作情况，排除故障。

5）防止燃油混入润滑油

保持冷却系的正常工作温度，水冷式内燃机正常水温是80～95 ℃，风冷式内燃机缸盖温度应小于120 ℃。温度过高会加速润滑油的氧化变质；过低则会使进入汽缸的混合气有一部分冷凝成液态流入曲轴箱。保持燃油系的良好工作状态，及时检查、调整高压泵和喷油器的供油提前角及喷油雾化质量，避免燃油雾化和汽化不良，而顺缸壁流入润滑油中。

6）防止废气对润滑油的污染

正确安装活塞环；活塞与缸套之间的间隙、气门与导管之间的间隙要适当；保持曲轴箱通风良好和密封清洁。

7）润滑油更换时机

每班内燃机启动前要检查润滑油的数量和质量，当有下列情况之一时应考虑更换：抽出油尺时，尺上的润滑油迅速流光，或将润滑油滴在纸上，迅速渗散，则说明润滑油过稀；用手指捻捏润滑油，感觉无光滑油膜并发黑，并有燃油味；润滑油内金属屑过多等。更换润滑油一般是在新车或大修后的机械完成试运转后；柴油机每运转600 h，汽油机每运转400 h（约行驶14 000 km）；入冬或入夏时克服只加油不换油、以补油代换油的不良现象。

8）润滑系清洗

更换润滑油时应清洗润滑系，其方法是趁热放净润滑系的旧润滑油，加入清洁润滑油与柴油的混合油（比例为4∶1）。至油尺下刻线处，发动机怠速运转3～5 min后停机放出。然后加注新润滑油到规定油面高度。

挖掘机保养用油规格见表6.1。

表 6.1 挖掘机保养用油规格

名称	部 位	规 格	适用温度/℃	更换周期
发动机机油	国产发动机	CF15W/40	-15~40	250 h
		CF10W/30	-20~20	
	洋马发动机	CF-4:15W/40	-15~40	
		CF-4:10W/30	-20~20	
	康明斯发动机	蓝至尊 CH-4:15W/40	-15~40	
		蓝至尊 CH-4:10W/30	-20~20	
柴油	燃油箱	0#	4 以上	每天下班前对燃油箱加满柴油
		-10#	-5~4	
		-20#	-15~-5	
冷却液	散热器	浓度50%的防冻液（50%水+50%乙烯乙醇）	-30 以上	半年
抗磨液压油	液压系统	L-HM68	-5 以上	1 000 h
		L-HV46 低温抗磨液压油	-25 以上	
重负荷车用齿轮油	行走减速机/回转减速机	SAE80W/90	通用	500 h
车辆油	导向轮/托轮	Hz-23	通用	1 000 h 补加
润滑脂	销轴/回转支承滚道/回转支承齿轮	2#锂基润滑脂	通用	每天

6.2.3 检查用油

(1)检查燃油油位并添满柴油

①每天下班停机前先找一平地停稳机器后再把动臂、斗臂、铲斗尽量收回平趴在地面上，或铲斗收回大小臂成直角放置。

②然后怠速运转 3~5 min 后关闭发动机，关闭电源总开关。

③加满柴油，一夜沉淀后第二天可从柴油下的排污阀排出沉淀物和沉淀水。

检查更换燃油滤芯方法。

要求：待发动机冷却后，更换滤芯。小心火灾，严禁烟火。

准备好发动机部件内部的燃油滤芯。

在燃油滤清器下方放一个小容器。

从滤芯座下旋下燃油滤芯壳，去掉燃油滤芯。

清洗顶部滤芯座后，安装上新的燃油滤清器，旋转燃油滤清器直到垫圈和顶部接触后再旋转 1/2 圈。

注意：在燃油滤清器垫圈上涂满燃油。

注意：将燃油滤清器里注满清洁的燃油，这样可排除燃油系统中的空气。

启动发动机，发动机运转 1 ~ 2 min 后，停机，检查是否有泄漏现象。

如果发动机无法正常启动，则燃油系统需要排气注油，按下述步骤进行：

松开燃油喷射泵上方的螺栓。

用燃油喷射泵上的手动油泵给系统注油，直到油达到喷射泵的螺栓孔为止。

装上燃油喷射泵的螺塞。

继续手动供油直到感觉到很大的阻力。旋转手动泵，使其回到壳体内。

启动发动机，检查有无泄漏。

若有必要，重复上述步骤。

(2) 检查油水分离器

揭开电瓶盖，检查水分离器，如果容器有水，红色漂子将浮动。

当漂浮到警戒线时将水放出。

放松容器底部的放水阀。

放水完毕后，将阀小心关闭。

油分离器顶部的塞子不能重复使用。如果该塞子松动，应更换并拧紧。

(3) 检查发动机油位

停止发动机，15 min 后检查。这样，机油可以全部流回油底壳。

利用油位标尺检查发动机油位。

发动机油位应位于油位标尺的“HIGH”标位，如油位过高，应放出一些油使油位适当。

可以从机油盖处加注机油。

(4) 更换发动机油

①启动发动机以便暖油。可运转发动机使油加热。

②将机械停放在平地上。

③拆下排放管塞子。让油通过一块清洁的布排至一个 50 L 的容器里。

④在油全部排出之后，检查布上是否有任何碎屑，如小金属片。

⑤装上并紧固塞子。

⑥拆开油注入器盖。以所推荐的油注入发动机。发动机油容量为 18 L。1 min 之后油位应在油尺的圆圈记号之间。

⑦装上注入器盖。

⑧启动发动机。以怠速慢车方式运转发动机 5 min。

⑨检查发动机油压表指示是否正常。如果不正常，立即停止发动机并查找原因。

⑩停止发动机。

注意：废机油不可随意倒放，应注意环保。

(5)更换机油滤清器

①启动发动机以便暖油。不可运转发动机使油过热。

②将机械停放在平地上。

③用滤清器扳手沿逆时针方向扭转,拆去发动机油主或旁路滤清器的滤清器盒。

④清扫与发动机接触的滤清器垫片区域。

⑤在新滤清器的垫片涂上一层清洁油薄层。

⑥装上新滤清器。用手顺时针方向扭转滤清器盒直到垫片接触到接触范围。确保在装滤清器时防止损坏垫片。

⑦用扳手扭紧发动机油主滤清器并多扭 3/4 ~1 圈。用扳手扭紧发动机油旁路滤清器并多扭 1 ~9/8 圈。注意不可过度扭紧。

⑧启动发动机。以怠速慢车运转发动机 5 min。

⑨检查发动机油压表指示是否正常,如果不正常,立即停止发动机并查出原因。

⑩停止发动机。从钥匙开关中取出钥匙。

⑪检查油滤清器是否有任何渗漏。

实操任务单

编号:WS-06-02

系别:______________　　专业:______________　　班级:______________

学习情境名称:挖掘机的保养用油

能力目标	1. 熟悉各系统的保养用油规格 2. 熟悉燃油的油位检查、加注、滤芯更换和换油的流程与方法 3. 熟悉发动机机油的油位检查、加注、滤芯更换和换油的流程与方法 4. 了解水泵水封不良或叶轮密封垫圈磨损过多的原因及处理方法 5. 了解冷却系统其他部位漏水的原因及处理方法 6. 了解汽缸垫水道孔与汽缸相通的原因及处理方法 7. 了解气门室漏水的原因及处理方法
准备	挖掘机 1 台,燃油、机油、滤清器若干
内容	1. 请对应挖掘机讲解各储油腔室的名称、大小、加注油品的牌号、位置 2. 检查燃油油位,排除油水分离器中的杂质 3. 讲解燃油滤清器的检查更换方法,以及如何防止污染 4. 检查机油油位,讲解如何更换机油精、粗滤清器的周期和方法 5. 若机油油位上升,请问有哪些原因,应该怎样解决 6. 简述挖掘机燃油系统的维护要点
评分标准	每题 10 分

续表

评价： 1. 自评 2. 互评 3. 教师评价 考核结果（等级）： 教师：________ 年　　月　　日

6.3 防冻液的维护

（1）防冻液的作用

①对冷却系统的部件起到防腐保护作用。

②防止水垢，避免降低散热器的散热作用。

③保证发动机在正常温度范围之内能工作。降低凝固点，提高沸点。

（2）防冻液型号

在现今的市场上有以下两种类型的防冻液：

①乙烯乙二醇。标准寿命防冻液。

②丙烯乙二醇。延长寿命防冻液。

许多年前市场上已有乙烯乙二醇。乙烯乙二醇对环境、人及动物有害，建议使用丙烯乙二醇代替乙烯乙二醇。丙烯乙二醇防冻液有多种颜色，如粉、红、橘黄或黄，甚至有些为蓝绿色，使用颜色区分不同类型的防冻液非常困难，颜色仅是加到防冻液里的染剂，不要仅仅依赖颜色，记录所使用防冻液的品牌及型号。若对系统内的防冻液品牌及型号不确定，在更换时，应排空并清洗冷却系统。

防冻液浓度见表6.2。

表6.2　防冻液浓度表

乙烯乙二醇——标准寿命防冻液

（1 000 h/6 个月）

环境温度/℃	冷却水/%	防冻液/%
−10	80	20
−15	73	27

续表

环境温度/℃	冷却水/%	防冻液/%
-20	67	33
-25	60	40
-30	56	44
-40	50	50

丙烯乙二醇——延长寿命防冻液
(2 000 h/每年)

环境温度/℃	冷却水/%	防冻液/%
-10	78	22
-15	71	29
-20	65	35
-25	59	41
-30	55	45
-40	48	52

(3)更换散热器冷却液(丙烯乙二醇——延长寿命防冻液)

注意:不要混用乙烯乙二醇和丙烯乙二醇防冻液,如果混用二者,防护水平会降至乙烯乙二醇水平。在拧松散热器上盖前,让发动机冷却下来,同时,确保缓慢松动上盖,以降低内部压力。在发动机运转过程中,清洁散热器。在运转的发动机上或附近工作时,要小心,要确保安全杆在锁定位置,并挂上标牌,提醒人们挖掘机正在保养。

若无必要,不要拆下散热器盖,观察储存箱中冷却液液位。

慢慢打开散热器上盖以泄压。

在散热器下方放置一容器,拧开排放阀。

注意:按当地规定处理废液。

拆下冷却系统排放阀。

打开暖气关闭阀从暖气中心体排出冷却液。

完全排出冷却液后,关上排放阀,并安装冷却系统排放阀。

给冷却系统加注清洗液。

怠速运转发动机直到冷却液温度表达到“绿色区域”,再运转10 min。

冷却发动机。

排出清洗液,给系统注满水。

再运转发动机,使水彻底循环起来。

排掉水,并给系统加注和环境温度适应的冷却液。参照冷却液浓度表。

不安装散热器盖,运转发动机以排出空气,给散热器加注冷却液到颈部50 mm处。

排出储备水箱中的冷却剂,再注入新冷却液。

将发动机冷却系统保持在最佳状态,将会对挖掘机保持良好的工作状态大有好处。功能正常的冷却系统将提高燃油效率,降低发动机磨损并延长部件使用寿命。

在散热器内应使用蒸馏水。普通水里的污染物可以中和侵蚀抑制剂，若必须使用普通水，硬度不得超过 300×10^{-6} 或含有多于 100×10^{-6} 的氯化物或硫酸盐。经过软化处理的水也含有会侵蚀部件的盐分。小溪或污浊池塘里的水，通常含有脏物、矿物或有机物质，会在冷却系统沉淀并削弱冷却效果。因此蒸馏水是最好的。

散热片堵塞或弯曲会导致发动机过热。散热片之间的空间可用压缩空气或水清洗。校直弯曲的叶片时，需小心不要损坏硬管或破坏叶片与硬管之间的接合部位。

重负荷柴油发动机要求平衡混合的水及防冻液。每年或工作 2 000 h 后排出并更换防冻液，这将消除堆积的危险化学物质。

在任何温度环境中，防冻液都很必要，它能降低冷却液冰点并提高沸点以扩大操作范围，若不需要附加防冻液保护，不要在混合液中使用超过 50% 的防冻液，在任何条件下不得使用超过 68% 的防冻液。

实操任务单

编号：WS-06-03

系别：________　　专业：________　　班级：________

学习情境名称：防冻液的维护

能力目标	1. 定期检查冷却液液位 2. 定期检查冷却液质量 3. 冷却液循环进出口，要经常检查，是否连接紧密 4. 做好机器工作状态和每次工作时间的登记工作，记录机器故障原因和排除方法及时间，确保机器工作在最佳状态
准备	挖掘机 1 台，冷却液，更换盛接容器
内容	1. 如何正确根据环境要求配制冷却液 2. 如何检查冷却液液位 3. 如何更换冷却液，步骤如何操作 4. 如何对冷却系统排气
评分标准	每题 10 分
评价： 1. 自评 2. 互评 3. 教师评价 考核结果（等级）： 教师：________ 年　月　日	

6.4　空气滤清器的维护

发动机在工作过程中要吸进大量的空气，如果空气不经过滤清，空气中悬浮的尘埃被吸入汽缸中，就会加速活塞组及汽缸的磨损。较大的颗粒进入活塞与汽缸之间，会造成严重的“拉缸”现象，这在干燥多沙的工作环境中尤为严重。空气滤清器装在化油器或进气管的前方，起到滤除空气中灰尘、沙粒的作用，保证汽缸中进入足量、清洁的空气。根据空滤指示器或定期清理更换空气滤清器是延长发动机寿命的重要手段。

(1)清洗空气滤清器的滤芯

①发动机在运转时，不要清洗或移动空气滤清器。如果用压缩气来清洗零件，要采取适当的眼睛保护措施。

②安装空气滤清器滤芯部件，拿掉入口盖，并装入空气滤清器的滤芯部件。

注意：如果指示板显示“ON”则必须打开空气滤清器。

注意：每 500 h/3 个月更换一次滤清器滤芯。

③由内向外用压缩气来清扫滤芯。气压不能超过 20 kPa(30 psi)。

④清洗空气滤清器壳体及侧盖。

⑤正确安装空气滤清器滤芯和侧盖，用手拧紧侧盖翼型螺母，不要用任何工具拧紧。

(2)使用保养时的注意事项

使用保养时，应注意以下 4 点：

①掌握纸质滤芯的特点和清洁方法。这种滤芯采用微孔滤纸，表面经过处理。在发动机工作时，空气通过微孔将灰尘滤去，保证清洁的空气进入汽缸。在使用中，滤芯周围会黏附着一层灰尘，清洁时不能用水或油，以防止油水浸染滤芯。常用的清洁方法有两种：一是轻拍法，即将滤芯从壳中取出，轻轻拍打纸质滤芯端面使灰尘脱落，不得敲打滤芯外表面，防止损坏滤芯；二是吹洗法，即用压缩空气从滤芯内部向外吹，将灰尘吹净。为防止损坏滤纸，压缩空气压力不能超过 0.2 ~0.3 MPa。

②定期清洁和更换滤芯。在使用中应按汽车保养规定，经常清洁空气滤清器滤芯，以免因滤芯上黏附过多灰尘而增大进气阻力，降低发动机功率，增加耗油量。如滤芯破损应及时更换。

③正确安装，防止空气不经过滤进入汽缸。在检查保养空气滤清器时，滤芯上的密封垫必须确实安装好。如密封垫已老化变形或断裂，应更换新品。

④更换新滤芯时，应选用原厂供应的滤芯，不要使用劣质滤芯，一般可从包装和外观上识别优质与劣质滤芯，也可安装后检验，如装上新滤芯后，排放的 CO 超标，不装滤芯时排放的 CO 达标，表示该滤芯透气性差，是不合格的滤芯。购买滤芯时，提醒大家要到正规的配件商店购买，否则容易买到假货。

实操任务单

编号:WS-06-04

系别:______ 专业:______ 班级:______

学习情境名称:空气滤清器的维护

能力目标	1. 熟悉空气滤清器保养的注意事项 2. 能够了解装载机的空气滤清器的作用 3. 进一步培养学生认真的工作态度和细致的工作作风,熟悉操作流程
准备	液压挖掘机 1 台,液压挖掘机操作手册,熟悉操作流程
内容	1. 掌握挖掘机空滤器的维护周期和保养方法 2. 掌握清理和更换空滤器的方法
评分标准	每题 10 分
评价: 1. 自评 2. 互评 3. 教师评价 考核结果(等级): 教师:______ 年 月 日	

6.5 液压油的维护

液压挖掘机一般在运转 2 000 h 以后就需要更换液压油,否则将使系统污染,造成液压系统故障。据统计,液压系统的故障中 90% 左右是由于系统污染所造成的。因此液压系统的定期检查、清洗、更换滤芯、更换零件和液压油是防止和减少液压系统故障的主要手段。

(1)检查液压油箱中的油位

①液压油在正常工作后,油温升高。在进行液压元件维护前,应先将油温降下来。液压油箱内气体有压力。先按下放气阀中央按钮,将油箱内空气泄压,然后就可以安全地拆下加注盖或上板盖。

②将机器置于水平坚固的地面上,伸出小臂将铲斗降至地面。

③关闭发动机,停机后,将启动开关置于“全车通电”位置上,将所有操作杆(包括行走杆)在极限位置上动作数次,以释放残留的液压压力,然后拔出钥匙。

④检查油位,油位标注线应在规定的标志之间,如果需要添加液压油。

注意:油位不能超过“H”标志线,加注过量会导致设备损坏及油的泄漏,这时应从油箱底部的泄油嘴放出多余的油。

(2)检查液压系统的泄漏

每天工作后,检查以确保软管、硬管、油嘴、油缸和马达没有泄漏的迹象,如果有,检查泄漏处并维修。加注燃油时,应有特别的安全预防措施,以防止爆炸和起火,应立刻清理溅出的油。

(3)更换全流量液压油滤芯

①机器正常工作后,齿轮油很热,这时应停止工作系统,让油充分冷却下来。

②在拆下马达壳体及检查孔处螺塞之前,慢慢松开螺塞以泄压。

③确认清除掉液压油箱顶部的水分和赃物,特别注意充油口和滤芯安装口。

注意:初次操作 100 h 后,更换液压油滤芯,以后每 500 h 更换一次。

④取下螺栓,清洗器上盖和 O 形圈,再取下弹簧、阀和滤芯。

⑤扔掉滤芯元件。

⑥安装新滤芯和 O 形圈,装上阀、弹簧和上盖。

⑦让发动机怠速运转 10 min,以排出气体。

⑧关闭发动机。检查液压油箱中的液位,需要时加注液压油。

注意:挖掘机正常工作后,液压油很热,因此对液压元件维修前要使油液冷却下来。

液压油箱中有压力,应按下液压油箱盖中央的按钮以泄压,泄压后即可安全地拆下油箱盖或上盖。

(4)挖掘机换油的工艺步骤和注意事项

1)准备工作

①熟悉液压系统的工作原理、操作规程、维修及使用要求,做到心中有数,不盲目蛮干。

②按说明书上规定的油品准备新油,新油使用前要沉淀 48 h 以上。

③准备好拆卸各管接头用的工具、加注新油用的滤油机、液压系统滤芯等。

④准备清洗液、刷子和擦拭用的绸布等。

⑤准备盛废油的油桶。

⑥选择平整、坚实的场地,保证机器在铲斗、斗杆臂完全外展的工况下能回转无障碍,动臂完全举升后不碰任何障碍物,离电线的距离应大于 2 m 以上。

⑦准备 4 块枕木,以便能前后挡住履带。

⑧作业人员至少需 4 人,其中,驾驶员、现场指挥各 1 人,换油人员 2 人。

2)换油方法及步骤

①将动臂朝履带方向平行放置,并在向左转 45°位置后停止,使铲斗缸活塞杆完全伸出,斗杆缸活塞杆完全缩回,慢慢地下落动臂,使铲斗放到地面上,然后将发动机熄火,打开油箱放气阀,来回扳动各操作手柄、踩踏板数次,以释放自重等造成的系统余压。

②用汽油彻底清洗各管接头、泵与马达的接头、放油塞、油箱顶部加油盖和底部放油塞处及其周围。

③打开放油阀和油箱底部的放油塞,使旧油全部流进盛废油的油桶中。

④打开油箱的加油盖,取出加油滤芯,检查油箱底部及其边、角处的残留油品中是否含有金属粉末或其他杂质。彻底清洗油箱,先用柴油清洗两次,然后用压缩空气吹干油箱内部。检查内部边角处是否还有残留的油泥、杂质等,直至清理干净为止,最后再用新油冲洗一遍。

⑤拆卸以下各油管:

a. 拆下回油路中的各油管,如主控制阀至全流滤清器、回油滤清器的油管,滤清器至油箱、油冷却器之间的油管等。

b. 拆开回转控制阀至滤清器的回油管及回转马达的补油管。

c. 拆下液压泵的进油油管。

d. 拆开先导系统回油路油管。

e. 拆开主泵、马达的泄油管。彻底清洗其油管。钢管用柴油清洗两遍,软管用清洗液清洗两遍,然后用压缩空气吹干,再用新油冲洗一遍。各接头用尼龙堵、盖堵住,或用干净的塑料布包扎好,以防灰尘、水分等进入而污染系统。

⑥拆下系统内所有滤清器的滤芯。更换滤芯时,要仔细地检查滤芯上有无金属粉末或其他杂质,这样可以了解系统中零件的磨损情况。

⑦放掉主液压泵、回转马达、行走马达腔内的旧油,并注满新油。

⑧安装曾拆卸过的油管。安装各油管前,一定要重新清洗管接头,并用绸布擦干净,严禁用棉纱、毛巾等纤维织物擦拭管接头。安装螺纹接头时应使用密封胶带,粘贴时应与螺纹的旋转方向相反。应按次序、按规定的扭矩依次安装和连接好各管接头。

⑨从加油口给油箱加油。先将加油滤芯安装好,再打开新油油桶,用滤油机将新油注入油箱内,将油加至油标的上限处为止,盖好加油盖。

⑩更换下列各动作回路中的旧油。各回路换油前,机器均应处在铲斗缸活塞杆完全伸出、斗杆缸活塞杆完全缩回和铲斗自由地放于地面上这3种状态下:

A. 先导控制系统回路

拆开左、右行走马达停车制动器的控制油管接头,使选择阀处于中位,用启动马达带动发动机空转数圈,从而使先导系统供油路中的旧油排出,然后清洗管接头,再将其连接好;启动发动机,怠速运转5 min,再分别松开控制阀上的先导油管接头,并分别来回操作各动作,直至有新油排出为止,再清洗各管接头并连接好。

B. 动臂回路

将铲斗放于地面,来回扳动各手柄数次,拆开动臂缸无杆腔的油管接头,放掉液压缸无杆腔中的旧油,再操作动臂手柄,向举升方向慢慢地扳动手柄,待接头排出新油为止,然后清洗管接头并连接好;松开动臂缸有杆腔的油管接头,操作动臂手柄,向降落方向慢慢地扳动手柄,以排出有杆腔中的旧油;操作动臂手柄,向举升方向慢慢地扳动手柄,直至油管排出新油为止,清洗管接头并连接;操作动臂使之升、降数次,以排出系统中的空气。

C. 铲斗回路

松开铲斗缸有杆腔的油管,操作手柄,向铲斗外转方向慢慢地扳动手柄,到管接头排出新油为止,清洗管接头并连接;拆开无杆腔油管接头,慢慢地举升动臂,使铲斗离地约1.5 m,然后慢慢地操作铲斗手柄，使之外转至顶端，下落动臂，使铲斗落地；操作铲斗手柄，向铲斗内转方向慢慢地扳动手柄，从而排出油管中的旧油，清洗管接头并连接；举升动臂，使铲斗离地 2.5 m，向内、外方向转铲斗数次，以排出残存于回路中的空气。

D. 斗杆回路

拆开斗杆缸无杆腔的油管接头，操作手柄，向斗杆内转方向慢慢地扳动手柄，排出油管中的旧油，直至流出新油为止，清洗管接头并连接；松开斗杆缸的有杆腔管接头，放出有杆腔中的旧油，向斗杆外转方向慢慢地扳动手柄，顶出管中的旧油至排出新油为止，清洗管接头并连接；举升动臂，向内、外方向转斗杆数次。

E. 回转系统

拆开回转控制阀上的右(后)端油管接头，操作回转手柄，使之慢慢地向右回转一圈后再插上回转锁销，待无旧油排出时清洗管接头并连接。用同样的方法排出左回转缓冲制动阀中的旧油。

F. 行走系统

单边支起左履带，要以铲斗的圆面部分接触地面，并使动臂与斗杆之间的夹角为 90°～110°；拆开左行走控制阀上的前端油管接头，踩下左行走踏板，使左边履带慢慢地向前行走，直至管接头排出新油为止，清洗管接头并连接。以同样方法排出右行走管路中的旧油。

⑪当全部油换完并接好各管接头后，还须再一次排放系统中的残存空气，因为此残存空气会引起润滑不良、振动、噪声及性能下降等。因此，换完油后应使发动机至少运转 5 min，再来回数次慢慢地操作动臂、斗杆、铲斗及回转动作；行走系统若处于单边支起履带的状态下，可使液压油充满整个系统，残存的空气经运动后便会自动经油箱排放掉。最后关闭好放气阀。

⑫复检油箱油位。将铲斗缸活塞杆完全伸出、斗杆缸活塞杆完全缩回，降落动臂使铲斗落地；查看油箱油位是否在油位计的上限与下限之间，如油面低于下限，应将油添加到油面接近上限为止。

3)注意事项

①在换油过程中，当油箱未加油，以及液压泵和马达的腔内未注满油时，严禁启动发动机。

②换油过程中，履带前、后必须放置挡块，回转机构插上锁销；铲斗、斗杆和动臂等动作时，严禁其下方或动作范围内站人。

③拆卸各管接头时，一定要使该系统自由地放置在地面上，确认该管路无压力时方可拆卸。拆卸时，人要尽量避开接头泄油的方向；工作时，要戴防护眼镜。

④挖掘机上部回转或行走时，驾驶员一定要按喇叭，做出警示。严禁上部站人，以及履带和回转范围内站人。

⑤拆装时，不要损伤液压系统各管接头的接合面和螺纹等处。

⑥作业现场，严禁吸烟和有明火。

⑦换油时，最好当天完成，不要隔夜，因为夜间或降温时，空气中的水分会形成水蒸气而凝结成水滴或结霜，并进入系统而使金属零件锈蚀，造成故障隐患。

(5)主要部件的周期性更换

为保证操作和工作的安全性,应进行周期性的检查,同样为增加安全性,应更换下列部件,这些部件易受磨损、受热或疲劳,这时即使这些部件看起来完好,也应该在设定期限内予以更换。

经常更换所有相关部件如垫圈、O 形圈等,并且只能采用纯正产品(见表 6.3)。

表 6.3 主要部件的更换

主要部件		应周期性更换的部件	更换时间
液压系统	机体	主泵吸油软管	2 年或 4 000 h
		主泵排油软管	
		回转马达软管	
	工作装置	动臂油缸软管	
		斗杆油缸软管	
		铲斗油缸软管	
		先导软管	

实操任务单

编号:WS-06-05

系别:________ 专业:________ 班级:________

学习情境名称:液压油的维护

能力目标	1. 掌握挖掘机液压系统结构,熟悉液压系统的工作原理和循环路径 2. 掌握液压油油位检查、更换滤芯及密封件、更换液压油、清洗液压元件的方法 3. 掌握判断液压油质量的方法
准备	装载机 1 台,装载机保养手册,熟悉操作流程
内容	1. 熟悉每个周期对液压系统的维护内容 2. 如何更换液压密封件 3. 如何清洗液压系统及更换液压油 4. 更换液压油的注意事项有哪些 5. 液压系统一共有多少个滤清器,它们分别起什么作用
评分标准	每题 10 分

续表

评价： 1. 自评   2. 互评   3. 教师评价   考核结果(等级)：   教师： 年　月　日

6.6　回转装置箱内用油维护

液压挖掘机回转装置由转台、回转支承和回转机构等组成。回转支承的外座圈用螺栓与转台连接，带齿的内座圈与底架用螺栓连接，内、外座圈之间设有滚动体。挖掘机工作装置作用在转台上的垂直载荷、水平载荷和倾覆力矩通过回转支承的外座圈、滚动体和内座圈传给底架。回转机构的壳体固定在转台上，用小齿轮与回转支承内座圈上的齿圈相啮合。小齿轮既可绕自身的轴线自转，又可绕转台中心线公转，当回转机构工作时转台就相对底架进行回转。

(1) 对回转机构的基本要求

液压挖掘机回转机构的运动占整个作业循环时间的 50% ~70%，能量消耗占 25% ~40%，回转液压回路的发热量占液压系统总发热量的 30% ~40%。为提高液压挖掘机生产率和功能利用率，故对回转机构提出以下基本要求：

①当角加速度和回转力矩不超过允许值时，应尽可能地缩短转台的回转时间。在回转部分惯性矩已知的情况下，角加速度的大小受转台最大扭矩的限制，此扭矩不应超过行走部分与土壤的附着力矩。

②回转机构运动时挖掘机工作装置的动荷系数不应超过允许值。

(2) 检查回转减速机齿轮油油位

①抽出油标尺检查齿轮油液位，在两刻度线之间为正常。

②如果需要加油，打开加油盖，根据需要添加相同牌号齿轮油到正常液位。

③装回油标尺。

(3)更换回转减速机齿轮油

①正确驻停机械,等油温冷却。

②拉松油标尺上的橡胶排气栓释放齿轮室内的压力。

③打开排放管上排放螺塞,完全排放齿轮油后装回排放螺塞。

④打开油标尺与螺塞,注入新的齿轮油至正常液位。

⑤装回油标尺和螺塞。

注意:废齿轮油不可随意倒放,应注意环保。

实操任务单

编号:WS-06-06

系别:________ 专业:________ 班级:________

学习情境名称:回转装置箱内用油维护

能力目标	1. 掌握挖掘机回转装置的结构 2. 掌握回转装置箱内齿轮油油位检查、更换的方法 3. 掌握回转装置箱内齿轮油的保养周期
准备	装载机1台,装载机保养手册,熟悉操作流程
内容	1. 熟悉回转装置的结构 2. 如何检查回转装置内的齿轮油油位 3. 如何清洗及更换回转装置齿轮油 4. 更换齿轮油的注意事项有哪些
评分标准	每题10分

评价:

1. 自评

2. 互评

3. 教师评价

考核结果(等级):

教师:________

年 月 日

6.7　最终传动油位维护

(1)检查装置两侧行走减速器的油位

①机器操作后,齿轮油很热,应切断所有工作系统使其冷却下来,在拆下壳体上螺栓之前,应先慢慢松开螺栓,使其中的空气泄压。

注意:首次操作 500 h 后放掉旧油,而后每工作 1 000 h 换油一次。

②确保机器停放在一个坚实的水平地面。

③转动履带,直到油口到位。

④拆下螺堵,加注油直到油位达到油口,安装油堵。

⑤在另一个行走马达上重复此步骤。

(2)更换行走减速器油(两边各一个)

①设备工作后,齿轮油很热,应停下工作系统使其冷却,在拆下马达壳体及检查孔处的螺塞之前,慢慢松开螺塞以泄压。

注意:首次工作 500 h 后排出旧油,之后每 1 000 h 换油一次。

注意:齿轮箱容量为 2.6 L,油不能混合使用。

②机器停放在一个坚实的水平地面。

③旋转履带直到螺塞到位。

④在螺塞下放一个容器,取下螺塞排除油液。

⑤安装螺塞,再取下加油孔处的螺塞,从加油孔处注入新油直到油位到达孔口,安装螺塞。

⑥在另一行走马达上重复以上步骤。

注意:旋钮上、下两个螺塞 45 ~ 51 N · m/4.7 ~ 5.2 kg · m,中间的 11.77 ~ 12.5 N · m/1.27 ~ 1.30 kg · m。

实操任务单

编号:WS-06-07

系别:______________　　专业:______________　　班级:______________

学习情境名称:最终传动油位维护

能力目标	1. 掌握挖掘机最终传动维护的基本知识 2. 了解挖掘机最终传动维护的油位检查与换油方法 3. 了解挖掘机最终传动维护的注意事项
准备	挖掘机,挖掘机维护手册
内容	1. 挖掘机最终传动维护的油位检查与换油方法是什么 2. 挖掘机最终传动维护的注意事项有哪些
评分标准	每题 10 分

续表

评价： 1. 自评 2. 互评 3. 教师评价 考核结果（等级）： 教师：________ 年　月　日

6.8 电气系统维护

(1)电瓶

①电解液是稀释的硫酸，能迅速灼伤皮肤，在衣服上穿孔。若不小心溅到身上，应马上用水冲洗。

②若电解液弄到眼睛里会导致失明，应马上用大量清水冲洗，并尽快到医院处理。

③如果不小心喝了电解液，应饮用大量的水或牛奶、生鸡蛋或植物油，并立即到医院处理或到中毒预防中心就医。

④当安装电瓶时，要佩戴防护镜。

⑤电瓶能产生氢气，有爆炸危险。不要在电瓶附近吸烟，或做能引起火花的事情。

⑥在对电瓶进行维护前，要确认发动机已停止运转，启动开关放在“关闭”位置。应避免电瓶端子与金属物体（如工具）等的意外接触造成的短路。

⑦拆装电瓶时，请检查正（+）极端子和负（-）极端子。

⑧当拆卸电瓶时，先拆负（-）极端子。安装电瓶时，先连接正（+）极。

⑨如果端子松动、不良接触就会产生电火花，以致产生爆炸。安装电瓶时，请安装牢固。

在寒冷天气，启动发动机及进行预热处理时，电瓶电量消耗很大，同时温度降低时，电瓶性能降低。

在特别寒冷天气，可在夜间拆下电瓶放在一个暖和的地方，这样有助于电瓶性能的提高。

①检查电瓶液位。挖掘机安装的电瓶是免维护型，不需要给电瓶添加水。

②检查充电器状态。通过查看内部设置的指示器颜色来检查电瓶充电状态：

绿色:充电正常。

黑色:充电不充分。

透明:更换电瓶。

③检查电瓶端子。确认电瓶安全放在电瓶箱里,清洁电瓶端子和电瓶电缆接头,苏打和水混合溶液将会中和电瓶表面、端子和电缆接头的电瓶液,凡士林或黄油涂抹在接头上可以帮助防腐蚀。

④更换电瓶。当充电指示器变为透明状态时,更换电瓶。

(2)保险盒

1)保险盒标签(见表6.4)

表6.4 保险盒标签

序 号	名 称	电容/A
1	备用	10
2	先导切断,行走速度	10
3	喇叭/破碎器	10
4	仪表盘,电子钟	10
5	音响,控制单元	10
6	预热	10
7	发动机熄火	10
8	启动开关	10
9	加热器	15
10	空调控制器,空调单元	15
11	点烟器	15
12	雨刮器,清洗器	15
13	燃油泵,驾驶室灯,计时表	20
14	工作灯,头灯	20

2)保险盒更换

①若电气系统不工作,首先检查保险丝。

②若保险丝断开,更换保险丝。若新保险丝再次断开,检查电路并维修。

注意:应在启动开关“关闭”的条件下更换保险丝。必须用相同的类型、容量的保险盒更换;否则,将会导致电气损坏。

实操任务单

编号:WS-06-08

系别:______　　专业:______　　班级:______

学习情境名称:电气系统维护

能力目标	1. 了解挖掘机的电瓶液位和电量的检查方法 2. 掌握挖掘机保险盒中的保险丝的检查与更换方法
准备	挖掘机 1 台
内容	1. 如何检查挖掘机的电瓶液位和电量 2. 如何检查与更换挖掘机保险盒中的保险丝
评分标准	每题 10 分
评价: 1. 自评 2. 互评 3. 教师评价 考核结果(等级): 教师:______ 年　月　日	

6.9　挖掘机橡胶履带行走装置维护

(1)挖掘机橡胶履带行走系统的使用维护

1)橡胶履带行走系的特点

橡胶履带具有质量轻、振动小、噪声低、附着力大、地面适应性好、不损坏路面等特点,尤其适合在城市施工。

橡胶履带和钢履带的基本构造是一样的,通常也由导向轮、托轮、驱动轮、支重轮、履带和行走架等部分组成,其主要区别和特点如下:

①橡胶履带是用橡胶模压而成的整条连续履带,心部用织物和多条钢丝绳加强,外侧有履刺,内侧有传动件。钢制的传动件镶嵌在硫化橡胶带里。橡胶履带的主要参数是节距、节数、履带宽度、花纹样式、预埋金属件样式等。

②驱动轮安装在行走减速器上,用来卷绕履带,以保证机械行驶作业。橡胶履带用的驱

动轮采用凸齿齿形，节距为128 mm。履带工作过程中有弯曲应力，会引起履带疲劳损坏，故驱动轮直径不宜过小。

③支重轮、托轮和导向轮分别骑跨在履带齿的两边，压在橡胶平面上，为防止轮缘切割和严重挤压橡胶而损伤，故轮缘较宽；由于履带齿较高，故轮体较大。

2）使用维护要点

①要有适宜的张紧力。张紧力过小，履带容易脱落；张紧力过大，会降低履带寿命。检查和调整时，要单边提升行走系，其高度应为10~20 mm。当张紧力小时，可通过张紧缸重新调整。

②机器行走过程中应避开尖锐物体，以免划伤履带；应避免在高摩擦系数的混凝土路面上过快转弯，以免橡胶撕裂。在通常情况下也应避免转弯过快、过急，转弯时尽量不用单边履带转向。

③不要使履带黏上油等腐蚀性物质，一旦发现，应立即擦去。

④长期存放时，应置于室内，避免日晒雨淋。存放前，应把履带清洗干净，以延长使用寿命。

⑤驱动轮一旦磨损，应及时更换。

（2）检查和调整履带的下垂

1）履带下垂检查

如图所示旋转上部平台90°并将铲斗降低以便提升履带。

保持动臂和斗杆之间的夹角为90°~110°，并置放铲斗圆部于地面上。在行走架下放置挡块以便支持整机。旋转履带倒退两个完全的回转，然后前进两个完全的回转。在履带架中部测量从履带架底到履带片背面之间的距离。

2）履带下垂规定

机型不同下垂量不同，如200-3是：280~320 mm。若履带的下垂不符合规定，必须进行以下调整：

①清扫链轮、履带的环链和黄油嘴范围。

②为了张紧履带，先将油塞拆去，然后接上黄油枪，加黄油直到下垂在所推荐的限度内，完后将油塞再装上。

③为松弛履带，缓慢地以逆时针方向旋转阀。阀被松开1~1.5转，黄油将从黄油出口排出。如果黄油没有顺利地排出，提升履带离地，缓慢地旋转履带。

（3）检查螺栓和螺母的张紧扭矩（第一次在50 h之后）

如果有任何松弛，张紧至规定的扭矩。螺栓和螺母应该被同品质或者更高品质的更换。使用扭矩扳手来检查和张紧螺栓和螺母。

（4）四轮一带

1）张紧装置

注油器与注油杆接合面处是否漏油。黄油缸是否打得进黄油。注油杆与黄油缸间、活塞杆与黄油缸间的密封圈处是否漏油。如有漏油，根据需要进行修复或更换。履带是否张紧过度。

注意：如果经逆时针拉松注油器或旋转履带后仍然不能把过度张紧的履带松弛下来，或者加注黄油之后履带还是很松弛的话，这是异常现象。此时，不可分解张紧装置。

2)支重轮

支重轮漏油或损坏。

3)托链轮

托链轮漏油或损坏。

4)引导轮

引导轮漏油或(轴承)损坏。

实操任务单

编号:WS-06-09

系别:________ 专业:________ 班级:________

学习情境名称:挖掘机橡胶履带行走装置维护

能力目标	1. 了解挖掘机橡胶履带行走装置的结构 2. 掌握挖掘机橡胶履带行走装置松紧检查与调节方法 3. 掌握如何检查橡胶履带行走装置的四轮一带
准备	挖掘机 1 台
内容	1. 如何检查挖掘机橡胶履带行走装置的四轮一带 2. 如何检查与调节挖掘机橡胶履带行走装置的松紧 3. 在调节橡胶履带行走装置的松紧时应该注意些什么
评分标准	每题 10 分
评价: 1. 自评 2. 互评 3. 教师评价 考核结果(等级): 教师:________ 年 月 日	

6.10 挖掘机铲斗的维护

铲斗是挖掘机工作装置中三大部件之一,是主要的承载件。在挖掘过程中铲斗会受到激烈的磨损。且不同的作业环境的状况也会对铲斗的强度和变形在一定程度上造成很大的影响。

(1)铲斗的基本要求

①铲斗的纵向剖面应适应挖掘过程各种物料在铲斗中的运动规律,有利于物料的流动,使装土阻力最小,有利于将铲斗充满。

②装设斗齿,以增大铲斗对挖掘物料的线压比,具有较小的单位切屑阻力,便于切入及破碎土壤。斗齿应耐磨、易更换。

③为使装进铲斗的物料不易掉出,斗宽与物料直径之比应大于4:1。

④物料易于卸净,缩短装载时间,并提高铲斗有效容积。

(2)斗齿的分类

根据挖掘机斗齿的使用的环境分类,可分为岩石齿(用于铁矿、石矿等)、土方齿(用于挖掘泥土、沙石等)、锥形齿(用于煤矿)。

根据斗齿齿座,可分为竖销斗齿(日立挖掘机为主)、横销斗齿(小松挖掘机、卡特挖掘机、大宇挖掘机、神钢挖掘机等)、旋挖斗齿(V系列斗齿)。

①根据施工现场的作业对象物情况和作业内容,选用不同类型的斗齿。见表6.5。

表6.5 不同类型的斗齿

齿 形	工作类型	挖掘对象类型						
		沙	细沙	黏土泥浆	卵石	碎石	石灰石	岩石
标准齿	普通挖掘和装载	✓						×
锋利长齿	工地上要求特别大的挖掘力		✓	✓	×	×		×
岩石齿	工地上要求承受很大的磨损		×	×	✓		×	

②斗齿应该保持锋利。铲斗两侧斗齿一般比铲斗中间的斗齿磨损得要快。当两边的斗齿磨损得比中间的斗齿短很多的时候,可将中间与两侧的斗齿位置互换,继续使用。

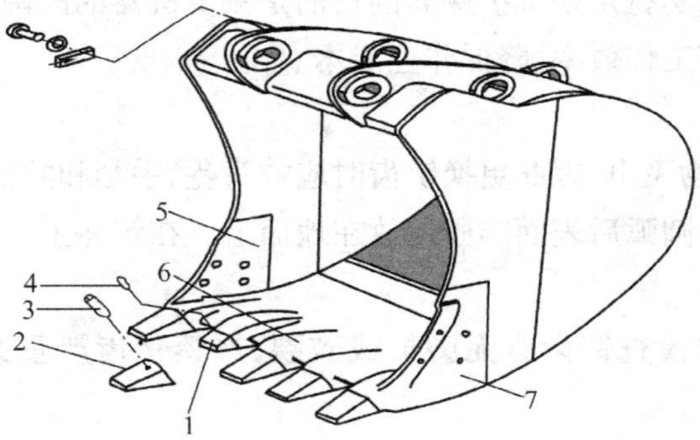

图6.4 斗齿的结构

1—齿座;2—斗齿;3—橡胶卡销;4—卡销;5、6、7—斗齿板

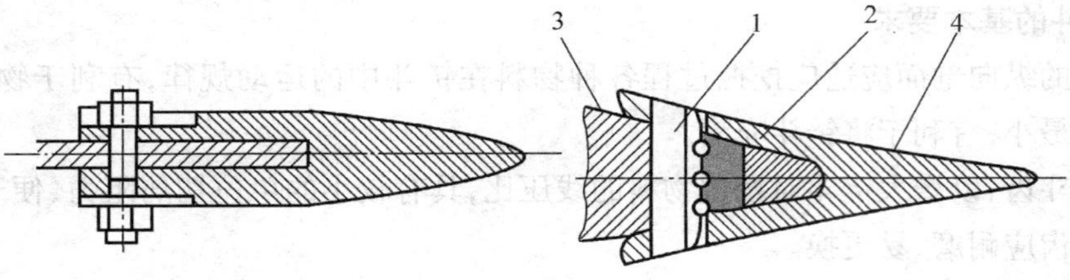

(a)螺栓联接　　(b)橡胶卡销联接

图 6.5　斗齿的联接

1—卡销;2—橡胶卡销;3—齿座;4—斗齿

③请及时更换斗齿。每天作业前,目测检查铲斗斗齿的松动和磨损情况。如果铲斗斗齿的磨损超过使用限度,不但会损坏齿座和铲斗,而且会影响挖掘的效率,降低产量。

④挖掘机斗齿是挖掘机上的重要部件,也是易损件,是由齿座和齿尖组成的组合斗齿,两者靠销轴连接。由于斗齿磨损失效部分是齿尖,只要更换齿尖即可。

如图 6.4 所示为斗齿与齿座的配合结构。其包括有斗齿、齿座和销子等,其中齿座包括有前部的齿座头和后部的齿座联接部,前部的齿座头联接前端的斗齿,后部的齿座联接部将齿座固定于铲斗的斗板上,斗齿由齿尖部和斗齿内腔组成,斗齿内腔容纳齿座头,使齿座头插入斗齿内腔中相互配合嵌入,并通过销子联接起来,其特征在于所述的齿座,齿座头包括有上下曲面、顶头面和分布在两侧部位的凹槽,斗齿内腔包括有上下曲面、底面和分布在两侧部位的凸键,在齿座头嵌入斗齿内腔状态下,此时齿座头的上下曲面与斗齿内腔的上下曲面配合吻合,顶头面与底面配合吻合,凹槽与凸键配合吻合,这样使斗齿与齿座的联接更加稳固(见图 6.5)。

由于工作场地和施工对象不同,同一挖掘机可配置多种斗齿,但一定要注意整机性能的匹配,如为了提高挖掘土方的工作效率在加强型的机型中可将岩石斗换成加大斗,但是为了适应岩石作业在普通机型上将普通斗换成等容积的岩石斗则要慎重,以免破坏整机性能使斗杆、动臂因使用不当造成质量问题的发生。

另外,对挖掘机斗齿实行定期维护保养的目的是减少机器的故障,延长机器使用寿命;缩短机器的停机时间;提高工作效率,降低作业成本。

(3)铲齿更换

因为有可能有金属物飞出,因此更换铲齿时应戴头盔、手套和防护眼罩。

铲斗向上收起,铲斗圆弧后表面牢固地放在地面上。在铲斗上作业前,停止发动机,锁定控制手柄。

确定一个基准,经常检查铲齿有无磨损或破裂,严禁铲齿严重磨损以致铲斗接头露在外部。

更换铲齿,用锤子和冲子卸下锁销。

铲齿卸下后,用刀子尽可能把铲齿座刮干净。

插入新铲齿,装上锁销。

(4) 检查锁销

下列情况存在时更换锁销:

两个表面对齐时,锁销太短。

橡胶有开裂,钢制突台易滑脱。

挤压导致突台缩入锁销内部。

因为金属物体有可能飞出,更换锁销时要一直戴手套、防护镜和安全帽。

(5) 更换铲斗 O 形圈

顶起检查铲斗上 O 形圈,若有磨损或损坏,应及时更换。

把 O 形圈移至衬套上,然后拆下铲斗销子,抽出斗杆或铲斗连杆。

拆下旧的 O 形圈,及时安装新的 O 形圈,到衬套上,确认连杆上的 O 形圈槽和铲斗衬套已经清理干净。

对准铲斗连杆和斗杆销孔并安装上铲斗销。

把新 O 形圈滚进 O 形圈槽内。

(6) 安装新铲斗

若安装新铲斗,应测量铲斗内耳间尺寸与斗杆衬套宽度尺寸。

两个尺寸相减,就是两边所加垫片尺寸。

在检查铲斗连接处间隙时,铲斗处于自由状态,在其他时间,将铲斗降至地面或用支撑块固定铲斗,停止发动机,锁定控制杆,悬挂"切勿操作"警告牌,防止铲斗移动。

(7) 铲斗加入垫片的方法

铲斗连接时,铲斗收起,斗杆向外伸展。降低动臂,使铲齿离地面几英寸,这种位置便于尺寸测量。

O 形圈安装上以后,把铲斗推至一侧,检查铲斗另一侧与斗杆衬套间隙,铲斗内耳与衬套端面的总间隙应为 0.2 ~ 0.7 mm,间隙太紧会加剧磨损;间隙太大,会产生噪声,动作松弛,导致危险。

把铲斗推至另一侧,再次检查上述间隙。

需要调整时,拆下螺栓和销,根据需要拆下或增加垫片,两侧应使用相同数量的垫片,安装螺栓和螺母,螺母力矩为 4.3 kg · m。

实操任务单

编号:WS-06-10

系别:______________　　专业:______________　　班级:______________

学习情境名称:挖掘机铲斗的维护

能力目标	1. 了解挖斗结构和挖掘机斗齿分类 2. 知道斗齿的维护 3. 了解铲斗的维护和调整 4. 会在不同环境下选择不同斗齿 5. 学会更换斗齿

续表

<table>
<tr><td>准备</td><td>挖掘机挖斗</td></tr>
<tr><td>内容</td><td>1. 如何根据不同环境选择不同斗齿
<table>
<tr><td rowspan="2">齿　形</td><td rowspan="2">工作类型</td><td colspan="7">挖掘对象类型</td></tr>
<tr><td>沙</td><td>细沙</td><td>黏土
泥浆</td><td>卵石</td><td>碎石</td><td>石灰石</td><td>岩石</td></tr>
<tr><td>标准齿</td><td>普通挖掘和装载</td><td></td><td></td><td></td><td></td><td></td><td></td><td></td></tr>
<tr><td>锋利
长齿</td><td>工地上要求特别大的挖掘力</td><td></td><td></td><td></td><td></td><td></td><td></td><td></td></tr>
<tr><td>岩石齿</td><td>工地上要求承受很大的磨损</td><td></td><td></td><td></td><td></td><td></td><td></td><td></td></tr>
</table>
2. 什么时候更换斗齿
3. 如何更换斗齿
4. 如何调整铲斗联接间隙</td></tr>
<tr><td>评分标准</td><td>每题 10 分</td></tr>
<tr><td colspan="2">评价：
1. 自评

2. 互评

3. 教师评价

考核结果(等级)：

教师：________
年　　月　　日</td></tr>
</table>

6.11　冲击锤的选择与安装

液压破碎器(锤)是利用液压能转化为机械能,对外做功的一种工作装置。它主要用于打桩、开挖冻土层和岩层,由可更换的作业工具(凿子、扁铲、镐)等组成。锤的撞击部分在双作用液压缸作用下,在壳体内作往复直线运动,撞击作业工具,完成破碎和开挖作业。液压破碎器通过附加的中间支承与斗杆连接。为了减轻振动,在锤的壳体和支座的连接处常设有橡胶连接装置。

液压破碎器外观如图6.6所示。

图6.6　液压破碎器外观

液压破碎器经过近40年的发展,其规格和功率都大量增加,可靠性和工作效率也明显提高。其中最大的技术进步是"智能型液压破碎器"的诞生,其特点是能根据岩石的阻力自动调节输出功率,当岩石被击穿时,自动切断功率输出,避免空打、损坏工具和固定销。

(1)液压破碎锤的选择

1)液压破碎锤的型号

型号中的数字表示液压锤的质量。

液压锤的型号IMI260中IMI表示意大利意得龙(IDROMECCANICA ITALIANA),260表示液压锤质量为260 kg,类似地,IMI400、IMI1000、IMI1200都是意大利意得龙液压锤,锤的质量分别为400 kg、1 000 kg、1 200 kg。要注意质量中是否包含了机架的质量,意得龙的液压锤锤重是包含了机架的质量的。而湖南山河公司的液压锤的质量是不含机架质量的。

SWH1000型号中的SWH表示山河公司(SUNWARD HYDRAULIC IMPACT HAMMER)液压锤,1000表示裸锤质量为1 000 kg(不含机架质量)。

使用质量(operating weight)是一个外来术语,也可译为操作质量,也有称为工作质量的(working weight)。并没有见到锤的操作质量或工作质量的确切定义,按照字面定义,可理解为工作时的总质量,理应包含锤体质量(body weight),机架质量(bracket weight),接器质量(coupler weight)以及胶管质量和液压锤内的油液质量等。尚不知制造商对此是怎么理解的,如果大家对工作质量的理解不一致,不如使用锤体质量(包含钎杆)或总质量(包括机架)等比较明确的概念。

2)液压破碎器的选用

根据液压挖掘机主机总重选择液压破碎器。它与主机的匹配十分重要。其中,主要匹配参数有两个:一是主机液压泵的压力和流量;另一个是主机的总重。选用是既要考虑充分发挥液压破碎器的工作效率,又要考虑挖掘机的稳定性和结构的耐久性。因此,针对需安装液压破碎器的挖掘机机型,根据提供的液压破碎器与主机总重的匹配范围表,可校核为

$$G<0.9(W+\gamma q)$$

式中　G——液压破碎器总重,N即$G=G_1+G_2+G_3$,其中,G_1为支座总重,G_2为破碎器质量,G_3为作业工具(如凿子、扁铲、镐等)质量;

W——标准铲斗的质量；

γ——沙土容量，一般取 1 600 N/m^3；

q——标准铲斗容量，m^3。

若液压破碎器总重 G 为标准斗质量 W 和铲斗中沙土质量 γq 总和的 90% 以下时，则可以认为破碎器的选择是正确的。

3）液压破碎器的基本工作原理

首先，用钢凿将活塞向上推至打击点位置。

①活塞上升

如图 6.7 所示为活塞打击钢凿时的位置。

活塞的反向腔与高压腔连通，活塞因上部承压面与下部承压面的面积差之故而上升。

活塞上升，压缩了气体缓冲室内充入的气体。

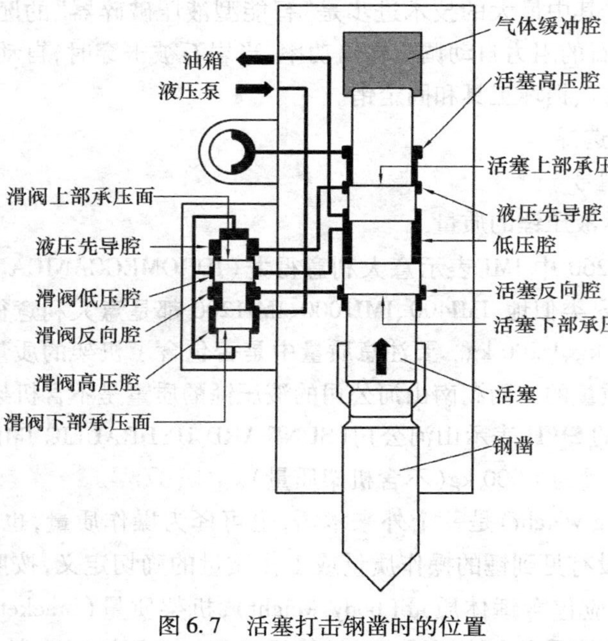

图 6.7　活塞打击钢凿时的位置

②滑阀上升

如图 6.8 所示为活塞上升过程。

活塞一上升，液压先导腔与低压腔连通，滑阀下部承压面的作用力大于上部承压面的作用力，滑阀上升。

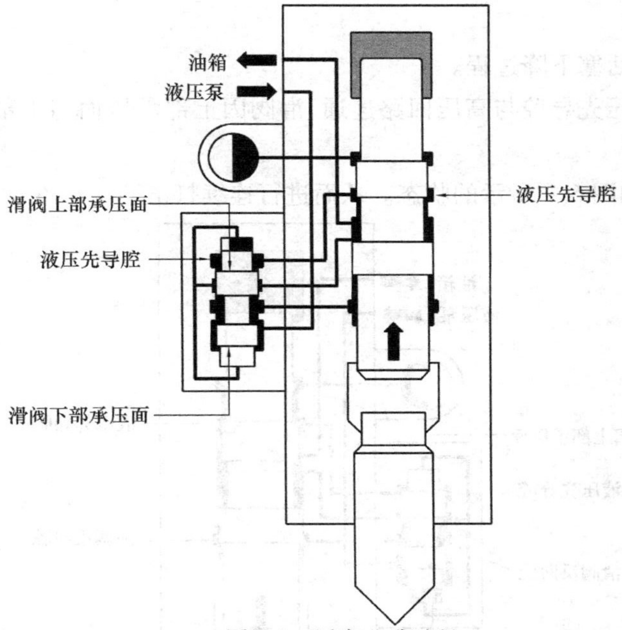

图 6.8　活塞上升过程

③活塞下降（打击）

如图 6.9 所示为活塞上升至上顶部状态。

活塞的反向腔经滑阀从低压腔连通至油箱。活塞上部承压面的作用力大于下部承压面的作用力，活塞下降。

此时，被压缩的气体发挥作用，加快活塞下降速度，打击钢凿。

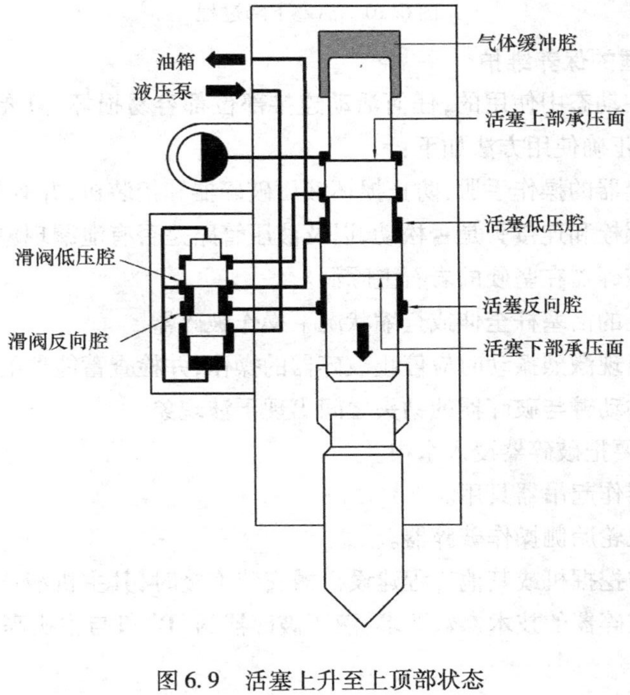

图 6.9　活塞上升至上顶部状态

④滑阀下降

如图6.10所示为活塞下降过程。

活塞一旦下降，液压先导腔与高压回路连通，滑阀因上部承压面与下部承压面的面积差之故而下降。

滑阀下降结束时如图6.7所示的状态。从而进行连续打击。

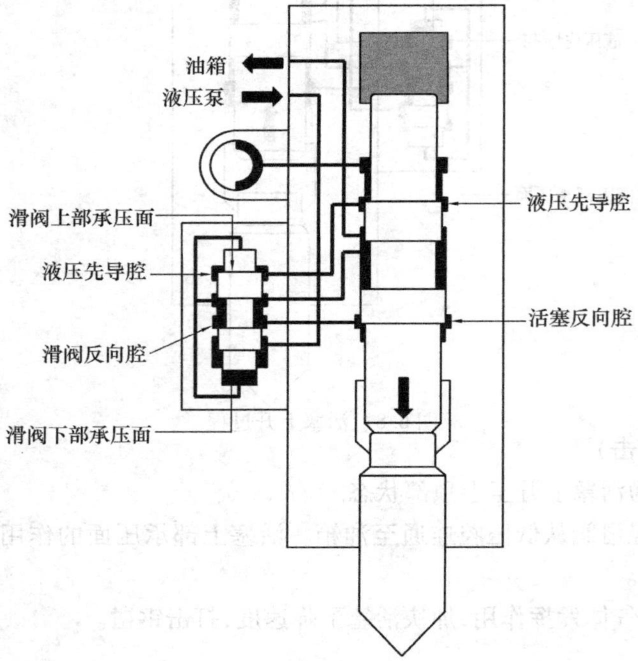

图6.10　活塞下降过程

(2)液压、破碎锤的保养维护

由于破碎锤是在动态中使用的，任何活动连接部位都容易损坏，只要正确使用和操作就可避免损坏的发生，正确使用方法如下：

①阅读液压破碎器的操作手册，防止损坏液压破碎器和挖装机，并有效地操作它们。

②操作前检查螺栓和连接头是否松动，以及液压管路是否有泄漏现象。

③不要用液压破碎器在坚硬的岩石上啄洞。

④不得在液压缸的活塞杆全伸或全缩状况下操作破碎器。

⑤当液压软管出现激烈振动时应停止破碎器的操作，并检查蓄能器的压力。

⑥防止挖装机的动臂与破碎器的钻头之间出现干涉现象。

⑦除钎杆外，不要把破碎器浸入水中。

⑧不得将破碎器作起吊器具用。

⑨不得在挖掘机轮胎侧操作破碎器。

⑩液压破碎器与挖掘机或其他工程建设机械安装连接时，其主机液压系统的工作压力和流量必须符合液压破碎器的技术参数要求，液压破碎器的“P”口与主机高压油路连接，“0”口与主机回油路连接。

⑪液压破碎器工作时的最佳液压油温度为50~60 ℃,最高不得超过80 ℃。否则,应减轻液压破碎器的负载。

⑫液压破碎器使用的工作介质,通常可与主机液压系统用油一致。一般地区推荐使用YB-N46或YB-N68抗磨液压油,寒冷地区使用YC-N46或YC-N68低温液压油。液压油过滤精度不低于50 μm。

⑬新的和修理的液压破碎器启用时必须重新充氮气,其压力按说明书的要求。

⑭钎杆柄部与缸体导向套之间必须用钙基润滑脂或复合钙基润滑脂进行润滑,且每个台班加注一次。

⑮液压破碎器工作时必须先将钎杆压在岩石上,并保持一定压力后才开动破碎锤,不允许在悬空状态下启动。

⑯不允许把液压破碎器当撬杠使用,以免折断钎杆。

⑰使用时液压破碎锤及纤杆应垂直于工作面,以不产生径向力为原则。

⑱被破碎对象已出现破裂或开始产生裂纹时应立即停止破碎器的冲击,以免出现有害的"空打"。

⑲液压破碎器若要长期停止使用时应放尽氮气,并将进、出油口密封,切勿在高温和-20 ℃以下的环境下存放。

(3)液压破碎锤的安装与拆卸

铲斗和破碎锤交替作业,在更换过程中,由于液压管路很容易被污染,应按下述方法拆卸和安装:

①将挖掘机移到一块平坦的无泥泞、尘土和杂物的场地,关闭发动机,释放液压管路中的压力及油箱中的气体。

②将装在大臂末端的截止阀旋转90°至OFF位置,以防止液压油流出。

③将破碎锤上软管堵头松开,然后将流出的少量液压油接入一容器中。

④要防止泥土及尘土进入输油管,用堵头将软管堵好,用内螺纹堵头将管道堵好,为防止被灰尘污染,应将高压管及低压管用铁丝扎好。

A. 软管堵头

装备进行铲斗作业时,堵头是为了防止沾在破碎锤上的泥土及尘土进入软管。

B. 内螺纹堵头

内螺纹堵头是为了防止附着在装备主机上的泥尘或灰尘进入油管。

⑤如想拆卸破碎锤时,要先将斗杆连接的销轴拆下;在室外保管破碎锤,应放在枕木上并用薄棚布将其盖好。

⑥破碎锤长期不使用,请按以下方法保管:

a. 将破碎锤的外部清理干净。

b. 将钢钎从壳体上拆下后,涂上防锈油。

c. 把活塞推向氮气室之前必须先将氮气室的氮气排出。

d. 重新组装时,应将破碎锤上各个零部件涂上润滑油后,再进行组装。

⑦如需安装破碎锤,其过程与前面提及的拆卸顺序相反。如果进行铲斗作业,会很容易使软管及管路末端被污染,被污染的部分要立即清理(请使用液压油或柴油进行清理)。

实操任务单

编号：WS-06-11

系别：__________ 专业：__________ 班级：__________

学习情境名称：冲击锤的选用与安装

能力目标	1. 了解液压破碎锤的结构和工作原理 2. 知道如何选择适宜的液压破碎锤 3. 了解液压破碎锤的代码含义 4. 学会安装与拆卸液压破碎锤
准备	挖掘机挖斗
内容	1. SWE18a 挖掘机使用的液压破碎锤的代码含义是什么 2. SWE18a 挖掘机如何选用适宜的液压破碎锤 3. 如何拆卸液压破碎锤 4. 液压破碎锤如何保养
评分标准	每题 10 分

评价：

1. 自评

2. 互评

3. 教师评价

考核结果（等级）：

教师：__________

年　月　日

第7章 挖掘机常见故障与诊断

服务人员对故障诊断的目的是准确确定故障的根本原因,迅速修理并防止再次发生故障。进行故障诊断时,重要的是要了解挖掘机各系统的结构和功能。此外,为了有效进行故障诊断,向操作人员了解情况以初步了解故障的可能原因,也是故障诊断的一个捷径。

(1)向用户或操作人员询问的事项

①是否还有未报告的其他问题。

②故障发生前机器是否有异常现象。

③故障是突然发生还是在此之前机器状态就有问题。

④故障发生在什么情况下。

⑤故障发生前是否进行过修理,是什么时间修理的。

⑥以前是否发生过同样的故障。

(2)在进行故障诊断时要注意的事项

①将机器停在水平地面上,确认安全销、垫块及停车制动器被牢固地安装。

②两个或两个以上工人协同作业时,必须严格统一信号,并且不许任何无关人员靠近。

③若在发动机灼热时拆下散热器盖,会喷出热水并造成烫伤。因此,必须等发动机冷却后再开始检修。

④须格外小心,不要触及任何灼热零件,或抓握任何转动的零件。

⑤拆电线时,一定要先拆蓄电池的负极"-"端子。

⑥当拆卸油压、水压或气压等内部的螺塞或盖时,要先释放内部压力。安装测量设备时,要确保正确连接。

(3)故障诊断检查

进行故障诊断时,不要急于分解零件。若立即拆开零件,可能会造成:所拆开的零件与故障无关,或拆开了没必要拆开的零件。这样,既浪费人工、零件或油料,同时也使用户或操作人员丧失对产品的信任。因此,在进行故障诊断时,必须事先检查,并按照规定的程序进行故障诊断。

①机器有无异常现象。

②启动前检查需检查项目。

③检查其他检查项目。

④检查认为必要的项目。

(4)确认并排出故障

根据前几项检查、测试的结果，缩小故障原因的范围，然后根据故障诊断流程图确定故障位置后，应严格按照维修流程进行维修或更换，并彻底排除故障根源（见表7.1）。

表7.1　挖掘机故障现象、原因分析及排除方法

故障现象		原因分析	排除方法
结构件噪声大		1. 紧固件松动产生异响 2. 铲斗与斗杆端面间隙磨损加大	1. 检查并重新拧紧 2. 将间隙调整到小于1 mm
斗齿在工作中脱落		1. 斗齿销多次使用弹簧变形，弹性不足 2. 斗齿销与齿座不配套	更换斗齿销
履带在挖掘机下打结		1. 履带松弛 2. 在崎岖道路上驱动轮在前快速行驶	1. 装紧履带 2. 道路崎岖时导向轮在前慢速行驶
风扇不转		1. 电气或接插件接触不良 2. 风量开关、继电器或温控开关损坏 3. 保险丝断或蓄电池电压太低	修理或更换
风扇运转正常，但风小		1. 吸气侧有障碍物 2. 蒸发器或冷凝器的翅片堵塞，传热不畅 3. 风机叶轮有一个卡死或损坏	清理
压缩机不运转或运转困难		1. 电路因断线、接触不良导致缩机离合器不吸合 2. 压缩机皮带张紧不够，皮带太松 3. 压缩机离合器线圈断线、失效 4. 储液器高低压开关起作用	修理更换离合器线圈 冷媒量太少或太多状态
冷媒(制冷剂)量不足		1. 制冷剂泄漏 2. 制冷剂充注量太少	1. 排除泄漏点 2. 充入适量制冷剂
正常工作情况下高低压表的读数		当环境温度为　30～50 ℃时： 高压表读数　1.47～1.67 MPa　(15～17 kg/m²) 低压表读数　0.13～0.20 MPa　(1.4～2.11 kg/m²)	
低压压力偏高	低压管表面有霜附着	1. 膨胀阀启太大 2. 膨胀阀感温包接触不良 3. 系统内制冷剂超量	1. 更换膨胀阀 2. 正确安装感温包 3. 排除一部分达到规定量
低压压力偏低	高低压表均低于正常值	制冷剂不足	补充制冷剂到规定量
	低压表压力有时为负压	低压胶管有堵塞，膨胀阀有冰堵或渣堵	修理系统，冰堵应更换制冷剂
	蒸发器冻结	温控器失效	更换温控器

续表

<table>
<tr><th colspan="2">故障现象</th><th>原因分析</th><th>排除方法</th></tr>
<tr><td colspan="2">膨胀阀入口侧凉，有霜</td><td>膨胀阀堵塞</td><td>清洗或更换膨胀阀</td></tr>
<tr><td colspan="2">膨胀阀出口侧不凉，低压压力有时为负压</td><td>膨胀阀感温管或感温包漏气</td><td>更换膨胀阀</td></tr>
<tr><td rowspan="2">高压表压力偏高</td><td>高压表压力偏高，低压表压力偏高</td><td>1. 循环系统中混有空气
2. 制冷剂充注过量</td><td>1. 排空，重抽真空，充制冷剂
2. 放出适量制冷剂</td></tr>
<tr><td>冷凝器被灰尘杂物堵塞冷凝风机损坏</td><td>冷凝器冷凝效果不好</td><td>清洗冷凝器清除堵塞
检查更换冷凝风机</td></tr>
<tr><td>高压表压力偏低</td><td>高低压压力均偏低、低压压力有时为负压、压缩机有故障</td><td>1. 制冷剂不足
2. 低压管路有堵塞损坏
3. 压缩机内部有故障，压缩机及高压管发烫</td><td>1. 修理并按规定补充制冷剂
2. 清理或更换故障部位，更换压缩机</td></tr>
<tr><td colspan="2">机器直线行走时，后退正常，前进时向左跑偏；同时发现向右侧前进转弯时无力、速度慢</td><td>1. 相应的 PPC 油压可能偏低
2. 相应的压力补偿阀可能有磨损、卡滞、堵塞等异常状态
3. 相应的吸油阀可能关闭不严，有泄油现象
4. 相应的行走马达上的安全阀可能异常
5. 相应的行走马达上的单向阀可能不能正常打开</td><td>取出铁屑，清洗吸油阀，安装后机器恢复正常</td></tr>
<tr><td colspan="2">工作中铲斗卸载动作慢，其他动作正常</td><td>1. 铲斗卸载 PPC 油压可能偏低
2. 铲斗卸载油压关闭可能有异常
3. 铲斗卸载压力补偿阀可能异常
4. 铲斗卸载安全吸油阀可能泄油
5. 铲斗主阀芯外表面可能有磨损</td><td>铲斗滑阀 O 形圈损坏，更换铲斗滑阀 O 形圈，机器恢复正常</td></tr>
</table>

续表

故障现象	原因分析	排除方法
启动发动机时转速显示为0,发动机运转时转速显示为630 ~ 680 r/min,而实际的发动机转速是正常的	接插头 CN-2(11) - (12)因进水而短路(转速传感器信号异常)	拔掉 CN-2 接插头,取水清洁后重新插上
整机工作速度慢	1. 主泵异常 2. 发动机异常 3. LS 油压由于泄漏、堵塞等原因压力下降,引起主泵排量下降 4. 调速器马达调整不当,使发动机转速低于正常值 5. LS-EPC 或 PC-EPC 电磁阀阀芯卡滞 6. LS-EPC/PC-EPC 电磁阀始终通有大电流	清洗减压阀小孔,调整其压力至 3.3 MPa,机器恢复正常工作

实操任务单

编号:WS-07-01

系别:__________ 专业:__________ 班级:__________

学习情境名称:挖掘机常见故障与诊断

能力目标	1. 能够根据挖掘机液压系统故障现象分析故障原因 2. 能够排除挖掘机液压系统常见故障 3. 能够根据挖掘机电气系统故障现象分析故障原因 4. 能够排除挖掘机电气系统常见故障 5. 能够根据挖掘机综合故障现象分析故障原因 6. 能够排除挖掘机综合故障
准备	挖掘机 1 台
内容	回答下列问题: 1. 挖掘机不能启动或启动困难的原因是什么 2. 挖掘机工作无力的原因是什么 3. 挖掘机行走跑偏的原因是什么 4. 发动机转速下降的原因是什么 5. 工作速度变慢的原因是什么
评分标准	每题 10 分

续表

评价： 1. 自评   2. 互评   3. 教师评价   考核结果（等级）： 教师：________ 年　　月　　日

参考文献

[1]李宏,李波,张钦良.工程机械维修工实用技术手册[M].南京:凤凰出版传媒集团,2009.
[2]许安.工程机械运用技术[M].北京:人民交通出版社,2009.
[3]王文兴,等.装载机械日常使用与维护[M].北京:机械工业出版社,2010.
[4]李宏.装载机操作工培训教程[M].北京:化学工业出版社,2008.
[5]张育益,张珩.图解装载机构造与拆装维修[M].北京:化学工业出版社,2012.
[6]徐州宏昌工程机械职业培训学校.挖掘机操作工培训教程[M].北京:化学工业出版社,2008.
[7]李宏.挖掘机操作与维护[M].北京:中国劳动社会保障出版社,2004.
[8]邓水英.挖掘机运用与维护[M].北京:北京大学出版社,2011.
[9]徐国杰.挖掘机械日常使用与维护[M].北京:机械工业出版社,2010.
[10]鲁冬林.工程机械使用与维护[M].北京:国防工业出版社,2008.